Bibliografische Information der Deutschen Nationalbibliothek:

Die Deutsche Bibliothek verzeichnet diese Publikation in der Deutschen Nationalbibliografie; detaillierte bibliografische Daten sind im Internet über http://dnb.d-nb.de/ abrufbar.

Impressum:

Druck und Bindung: Books on Demand GmbH, Norderstedt Germany
ISBN: 9783656750444

Dieses Buch bei GRIN:

http://www.grin.com/de/e-book/211044/laermberechnung-und-visualisierung-in-dreidimensionalen-stadtmodellen

Konstantinos Theodorou

Lärmberechnung und -visualisierung in dreidimensionalen Stadtmodellen auf Grundlage der EU-Umgebungslärmrichtlinie

GRIN Verlag

Ruhr-Universität Bochum
Geographisches Institut
Master-Arbeit

Lärmberechnung und – Visualisierung in dreidimensionalen Stadtmodellen auf Grundlage der EU-Umgebungslärmrichtlinie

vorgelegt von: Konstantinos Theodorou
Abgabetermin: 12.12.2011

Vorwort

Den Anstoß zu dieser Arbeit bildete ein Kooperationsprojekt der Stadt Bochum mit dem Geographischen Institut der Ruhr-Universität Bochum, bei dem die Fragestellung „Wie kann das 3D-Stadtmodell der Stadt Bochum für umweltrelevante Themenbereiche genutzt werden?“ durch ein Praktikum mit anschließender Master-Arbeit erörtert werden sollte. Da ich mich im Verlauf des Studiums bereits sehr interessiert mit dem Thema Lärm sowie mit der Erstellung und Verwendung von 3D-Stadtmodellen beschäftigt habe, war die Nutzung von 3D-Daten in Bezug auf Lärm eine naheliegender und näher zu untersuchender Themenkomplex. An dieser Stelle möchte ich herzlich bei den Mitarbeitern der Stadt Bochum, vor allem bei Herrn Ridder, Herrn Jung, Herrn Schöller und bei Herrn Grothe bedanken, die mich während des Praktikums und bei der Erstellung dieser Arbeit maßgeblich unterstützt haben. Vielen Dank auch an die Firma Braunstein & Berndt GmbH für die Bereitstellung der Lärmprognose-Software SoundPLAN sowie an Herrn Steffens von dem Unternehmen 3DIS, der die Umsetzung der Lärmvisualisierung erst ermöglicht hat. Nicht zuletzt möchte ich noch David Beckeherm und Rebecca Trinowitz fürs Korrekturlesen sowie für ihre tatkräftigen Anregungen und die Unterstützung danken.

Inhaltsverzeichnis

Abbildungsverzeichnis

Tabellenverzeichnis

1 Einleitung

Lärm, insbesondere Straßenverkehrslärm ist in Deutschland und in der gesamten Europäischen Union eines der vorangingen Umweltprobleme. Die Schaden erzeugende Wirkung von Lärm auf den Menschen ist in zahlreichen Studien untersucht worden und zumindest bei höheren Schallpegeln belegt. Neben diesem Aspekt fühlen sich laut einer Umfrage des Umweltbundesamtes mit rund 68.000 beteiligten Personen, 36 % hochgradig und 59 % der Befragten wesentlich vom Straßenverkehrslärm belästigt. Aufgrund dieser Problematik hat die Europäische Union am 25. Juni 2002 die Richtlinie 2002/49/EG des europäischen Parlaments und des Rates über die Bewertung und Bekämpfung von Umgebungslärm (im Folgenden EU-Umgebungslärmrichtlinie genannt) erlassen. Darin wird unter anderem geregelt, dass von den zuständigen Behörden Lärmkarten und Aktionspläne erstellt werden sollen und die Anzahl der von einer bestimmten Lärmart belasteten Personen ermittelt werden müssen. Diese Belastetenzahlen werden anhand von Fassadenpegeln an betroffenen Gebäuden berechnet und verlangen im günstigsten Fall ein 3D-Stadtmodell, zumindest jedoch Daten über die Gebäudehöhe. In der Richtlinie sollen diese Daten in der Tabellenform dargestellt werden. Aufgrund der technischen Rahmenbedingungen und der in der Richtlinie geforderten Öffentlichkeitsbeteiligung ist es aus meiner Sicht jedoch sinnvoll, diese Daten dreidimensional und vor allem interaktiv zu visualisieren. Auf diese Weise entsteht ein Informationssystem welches leicht verständlich, nachvollziehbar und für die Stadtverwaltung sowie für interessierte Bürgerinnen und Bürger nutzbar sein kann. Darüber hinaus sind die Fassadenpegel in den Ergebnissen genauer als zweidimensionale Lärmkarten, die zumeist in einem groben Raster gerechnet werden.

In dieser Master-Arbeit wird die Entstehung dieses Informationssystems beschrieben sowie die Möglichkeiten der Nutzung und dessen eventueller Mehrwert analysiert. Darüber hinaus wird ein Vergleich gezogen zwischen Berechnungsmethoden strikt nach EU-Vorgaben und einer optimierten Fassung. Es wird ferner untersucht, ob und inwiefern sich dabei die Anzahl der von Lärm betroffenen Personen ändert. Der Einsatz des Informationssystems beschränkt sich hier auf ein kleines Projektgebiet in Bochum Grumme, welches stellvertretend das gesamte Stadtgebiet repräsentieren soll. Eine Einschränkung war zwingend notwendig. Dies hängt vor allem mit den langen Rechenzeiten für die Lärmberechnung sowie den großen Datenmengen zusammen, welche den Umfang dieser Arbeit gesprengt hätten. Es ist jedoch denkbar, die vorhandenen Berechnungen der Stadt Bochum zu verwenden, um so ein in die gesamte Stadt übergreifendes System zu erhalten. Außerdem wird diskutiert inwieweit das System über eine Visualisierung hinausgehend in Zukunft weiterentwickelt werden könnte.

Dazu gehe ich im Abschnitt 2 zunächst näher auf die Begriffe Schall und Lärm ein, um die physikalischen Grundlagen der Lärmberechnung zu erläutern und den Leser in den Themenkomplex einzuführen. Das folgende Kapitel 3 befasst sich mit einer kritischen Betrachtung der EU-Umgebungslärmrichtlinie und den damit enthaltenen Berechnungsvorschriften. Zahlreiche Aspekte, die Berechnung und Bewertung von Lärm betreffend, werden an dieser Stelle erläutert. In Kapital 4 werden die für die Lärmberechnung notwendigen Datengrundlagen, insbesondere unter Berücksichtigung von 3D-Stadtmodellen, vorgestellt. Ferner wird dargelegt, mit welchen Schritten und nach welchen Kriterien die Berechnung vorgenommen wurde. Der letzte Abschnitt (Kap.5) stellt schließlich die Ergebnisse der Berechnung sowie deren Visualisierung vor und gibt einen Ausblick bezüglich der Weiterentwicklung des Informationssystems. Eine Analyse der berechneten Lärmimmissionen oder Vorschläge zur Minderung werden an anderer Stelle ausführlich behandelt und sind nicht Teil dieser Arbeit.

2 Schall und Lärm

Im folgenden Abschnitt werden die in dieser Arbeit häufig verwendeten Begriffe Schall und Lärm definiert, näher erläutert und in den Kontext der Themenstellung integriert. Dieser Gliederungspunkt ist sehr allgemein und oberflächlich gehalten, da lediglich einige Grundlagen in Bezug auf die Lärmberechnung vermittelt werden sollen.

2.1 Definition von Schall und Lärm

Allgemein betrachtet ist Schall eine Schwingung in einem elastischen Medium (Luft, Wasser, feste Körper), die sich in Wellenform in einer bestimmten, vom Medium beeinflussten Geschwindigkeit ausbreitet. In der Luft bewegt sich der Schall in Form von Longitudinalwellen mit einer Geschwindigkeit von ca. 1240 km/h (bei 20° C) und wird als Luftschall bezeichnet. Dieser breitet sich in alle Richtungen, sowie auch in die Höhe aus.Prinzipiell wird die Schallausbreitung in drei Schallfeldanteile gegliedert:

- Direktschall
- Bodenreflexion
- und Fassadenreflexion

Breitet sich der Direktschall von der Quelle ausgehend aus, nimmt der Pegel bei einer Entfernungsverdopplung um 3 dB ab. Durch jedes Hindernis zum Beispiel eine Häuserwand, wird der Schall reflektiert und verliert durch die Absorption Energie. Die sich ausbreitende Schallwelle besitzt eine bestimmte Wellenlänge und Frequenz, aus welcher sich die Tonhöhe ableitet. Die Frequenz wird in Hz (Hertz) angegeben und wird vom menschlichen Gehör im Bereich von ca. 16 Hz bis 16.000 Hz wahrgenommen (Hörschall). Frequenzen die unter diesem Bereich liegen, werden als Infraschall bezeichnet, darüber liegende als Ultraschall. Infraschall wird jedoch zum Teil als Vibration und Erschütterung wahrgenommen. Schallereignisse die in Verbindung mit Lärm gebracht werden, bestehen in der Regel aus einer Vielzahl unterschiedlicher Frequenzen und werden als Geräusch bezeichnet (BIA 2003 42-48).

Lärm stellt in einer zunehmend technisierten Gesellschaft ein erhebliches Problem dar: vor allem durch das stetig steigende Verkehrsaufkommen. Davon betroffene Personen können durch diesen Umstand belästigt, erheblich gestört und bei höheren Pegeln auch in ihrer Gesundheit geschädigt werden. Lärm ist also ein negativ zu bewertender Begriff eines bestimmten Geräusches oder Schallereignisses. Dabei lässt sich Lärm nicht exakt messen, da zum einen die Art des Geräusches und zum anderen die subjektive Wahrnehmung die Beurteilung maßgeblich beeinflussen. So empfinden beispielsweise die Besucher eines Rockkonzertes die Musik als angenehm, während sich Anwohner womöglich gestört fühlen. Jedoch kann wohl mit gutem

Gewissen behauptet werden, dass Straßenverkehrslärm, um den es in dieser Arbeit geht, von kaum jemanden als angenehm definiert wird. Darüber hinaus ist medizinisch bewiesen, dass sich ab einem gewissen Lärmpegel Gehörschäden einstellen, sodass die Wirkung in einem so genannten Beurteilungspegel (vgl. 2.3) erfasst werden kann (BIA 2003 18-19). Zusammenfassend lässt sich also sagen, dass Lärm unerwünschte und unangenehme Geräusche darstellt, welche subjektiv belästigen und stören und objektiv zu Gesundheitsschädigungen führen können.

2.2 Berechnung und Bewertung von Schall

Um Geräuscheinwirkungen auf den Menschen zu beschreiben, wird der Schalldruck p verwendet. Der Schalldruck beschreibt die durch ein Geräusch verursachte Luftdruckschwankung und wird in Pa (Pascal) gemessen. Da das menschliche Ohr extreme Schalldruckunterschiede wahrnehmen kann, angefangen von der Hörschwelle von ca. 2 x 10 ^-5 Pa bis hin zur Schmerzschwelle bei ca. 20 Pa, wurde das logarithmische Pegelmaß des Bel, bzw. des Dezibel (dB = 1/10 Bel) eingeführt. So lässt sich der Hörbereich des Menschen auf einer Skala von 0 dB (Hörschwelle) bis 120 dB (Schmerzschwelle) darstellen. Dabei kommt einer Zunahme des Schalldruckpegels von 10 dB in etwa einer Verdopplung der empfundenen Lautstärke gleich. Ab einer Erhöhung von 3 dB wird ein Geräusch als spürbar lauter empfunden. Allerdings reagiert das menschliche Gehör unterschiedlich empfindlich auf bestimmte Frequenzen. So liegt der empfindlichste Bereich zwischen 1000 und 4000 Hz, niederfrequente und sehr hochfrequente Geräusche werden weniger stark wahrgenommen. Dies lässt sich auch in Abb. 1 erkennen:

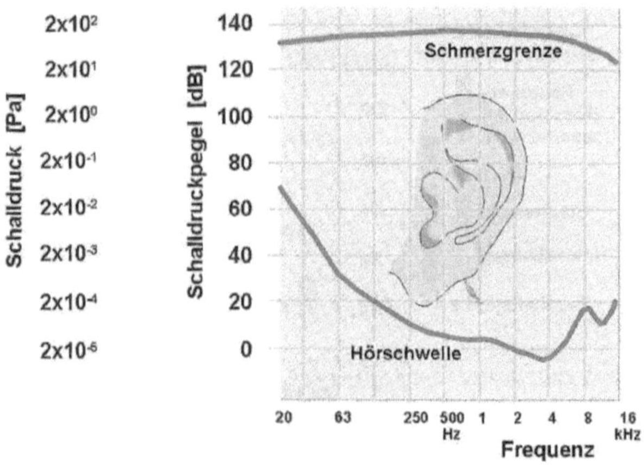

Abbildung 1: Hörschwelle und Schmerzgrenze
(Kloepfer et al. 2006: 175)

Die Hörschwelle, d.h. die Luftdruckschwankung, die gerade noch wahrgenommen werden kann, steigt mit sinkender Frequenz und ist bei etwas unterhalb von 4 kHz am geringsten. Die empfundene Lautstärke ist also stark abhängig von der Frequenz.Um diesen Aspekt in der Schallmesstechnik zu berücksichtigen, wird auf so genannte Frequenzbewertungen zurückgegriffen (BIA 2003 56-59). In den meisten Fällen, so auch bei der Beurteilung nach der EU-Umgebungslärmrichtlinie, wird die A-Frequenzbewertung verwendet (Abb. 2).

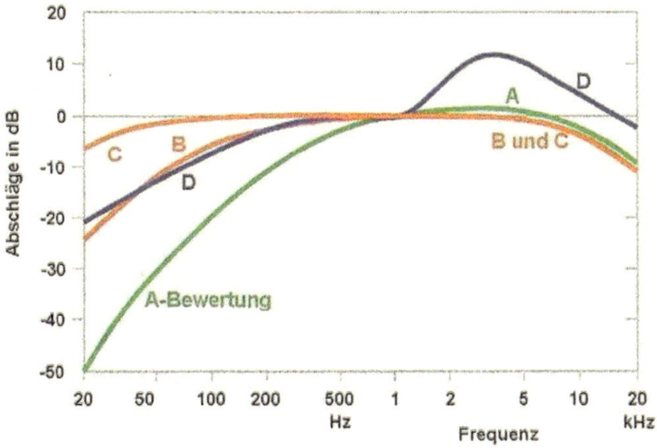

Abbildung 2: Frequenzbewertungen
(Kloepfer et al. 2006: 175).

Wie in der obigen Darstellung zu sehen ist, werden vor allem die tiefen Frequenzen unterhalb von 500 Hz in der A-Bewertung stark gedämpft. So wird zum Beispiel ein Geräusch bei 100 Hz mit einem Abschlag von etwa 20 dB gemessen. Im empfindlichsten Bereich des menschlichen Gehörs zwischen 1000 und 5000 Hz wird bei der A-Bewertung ein leichter Aufschlag vorgenommen. Die übrigen Filter besitzen mit Ausnahme des D-Filters, welcher u.a. in der Luftfahrt verwendet wird, in der Praxis keine Relevanz. Werden Bewertungsfilter bei einer Messung oder Berechnung zugrunde gelegt, verwendet man die verkürzte Schreibweise dB(Bewertungsfilter), also zum Beispiel 65 dB(A) und aufgeführtes bedeutet in diesem Falle A-bewerteter Schalldruckpegel (BIA 2003 103-105). An der Nutzung von Frequenzbewertungskurven bei der Berechnung von Lärm wir jedoch Kritik geübt, da eine genaue Abbildung der Realität nicht gewährleistet ist. Um diese Problematik zu beseitigen, wird u.a. gefordert, in möglichen neuen Bewertungsalgorithmen auch weitere Aspekte wie z.B. die Häufigkeit, Rauigkeit oder die Periode eines Geräusches zu berücksichtigen. Dementsprechende Modelle sind jedoch noch nicht konsensfähig (Kloepfer et al. 2006: 251).

2.3 Mittelungs- und Beurteilungspegel

Eine Vielzahl der durch den Verkehr entstehenden Geräusche schwanken in Hinblick auf ihre Intensität und ihre Frequenzzusammensetzung. Daher können langfristige Situationen durch Messungen oder generalisierte Berechnungen nicht adäquat erfasst werden. Zu diesem Zweck wurden so genannte Mittelungspegel eingeführt, bei denen ein Mittelwert über einen bestimmten Zeitraum berechnet wird. In der Praxis werden zumeist energieäquivalente Mittelungen eingesetzt, welche die Intensität eines Geräusches mit der Zeit in Verbindung bringen. So werden beispielsweise besonders laute Einzelgeräusche mit einem Aufschlag berücksichtigt, die bei einer herkömmlichen Mittelung wegfallen bzw. sich kaum auf das Endergebnis auswirken würden. In der EU-Umgebungslärmrichtlinie findet zusätzlich eine gewichtete Aggregation der Geräuschimmissionen statt. Das bedeutet, es werden unterschiedliche Beurteilungszeiträume ermittelt und zu einem Gesamtwert zusammengefasst (vgl. 3.3). Die energieäquivalente Mittelung erzielt eine hohe Genauigkeit bei gleichmäßigen Pegelverläufen wie z.B. an Autobahnen oder großen Bundesstraßen. Bei kurz auftretenden Geräuschspitzen mit damit einhergehenden längeren Ruhephasen (z.B. an Eisenbahnstrecken) ergeben sich im Vergleich meist höhere Mittelungspegel, die teilweise durch Abzüge in den Berechnungsvorschriften wieder subtrahiert werden (Kloepfer et al. 2006: 252 – 254). Werden solche Korrektursummanden verwendet - dazu gehören beispielsweise auch Zuschläge für die Ton- oder Impulshaltigkeit - ist die Rede von Beurteilungspegeln. Ziel ist es, die Geräuscheigenschaften genauer darzustellen (Umweltbundesamt 2010).

2.4 Auswirkungen auf den Menschen

Lärm wirkt sich auf den gesamten Körper eines Menschen aus, äußert sich jedoch meist sehr unspezifisch. Vorrangig ist das Gehör betroffen, jedoch kann sich andauernder Lärm auch auf das Herz-Kreislauf- und das hormonelle System auswirken. Darüber hinaus kann Lärm auch das psychosoziale Wohlbefinden einschränken, da dieser zum Beispiel die für den Menschen äußerst wichtigen Schlafphasen stört, aber auch des Weiteren dafür verantwortlich gemacht werden kann, dass eine angenehme, ruhige Kommunikationsebene in gewissen Stadtbereichen nicht gewährleistet ist. (Kloepfer et al. 2006: 125). Kloepfer belegt das durch Lärm bedingte Hörverluste ab einen über mindestens acht Stunden einwirkenden Mittelungspegel von 85 dB(A) oder bei mindestens fünfzehn aufeinanderfolgenden Maximalpegeln von über 99 dB(A) eintreten und als aurale Wirkung bezeichnet werden (primäre Lärmwirkungen). Allerdings muss angemerkt werden, dass eine durch Verkehrslärm ausgelöste Schwerhörigkeit sehr unwahrscheinlich ist, da die kritische Grenze selbst bei hoher Verkehrsdichte nicht erreicht wird

(Kloepfer et al. 2006: 129, 130). Zu den extraauralen Wirkungen von Lärm zählen beispielsweise Leistungsbeeinträchtigungen (sekundäre Lärmwirkungen). So stören Geräusche, die nicht in Verbindung mit der aktuellen Tätigkeit stehen, kognitive Funktionen und lassen den Körper schneller ermüden. Als Folge daraus können Informationen überhört, übersehen und falsch eingeordnet werden (Kloepfer et al. 2006: 151). Zu den tertiären Lärmwirkungen gehören Veränderungen des Blutdrucks und der Durchblutung von Haut und Schleimhäuten. Darüber hinaus kommt es zur Beeinträchtigung der Schlaftiefe bis hin zum Aufwachen. In der Darstellung von Jansen et al. (Abb. 3) sind einige Lärmwirkungen aufgeführt.

Anhaltswerte			Lärmwirkungen
L_m dB(A)		Maximalpegel dB(A)	
außen	innen	innen	
-	38	40	Schlafqualitätsänderungen
-	-	40	Schwellenwerte für - physiologische Änderungen (EEG im Wachzustand)
-	45	-	- Kommunikationsstörungen
45–55	-	-	Bevölkerungsreaktionen (0–20% Gestörte)
-	-	55	- vegetative Reaktionen im Schlaf
-	-	55	99% Satzverständlichkeit
-	-	60	Schwellenwert für Aufwachen
-	-	60	Primäre Wirkungen (vegetativ)
65	-	-	Deutliche Bevölkerungsreaktionen (30–70% Gestörte, 5–15% Beschwerden)
-	-	75	Signifikante vegetative Wirkungen
80	-	-	60–90% der Bevölkerung stark gestört
-	85	-	Beginn der Lärmschwerhörigkeit
-	-	100	Mögliche Grenze des physiologischen Gleichgewichts
-	-	≥130	Extraaurale Symptome mit Krankheitswert

Abbildung 3: Physiologische Lärmwirkungen bei unterschiedlichen Pegeln (Jansen et al. 1996: 32)

Die linke Spalte der obigen Abbildung gibt die Mittelungspegel, die mittlere die Maximalpegel an. Jansen et al. betonen jedoch , dass jeder Mensch unterschiedlich auf Lärm reagiert und nicht zwangsläufig eine Krankheit entstehen muss. Langfristige Lärmwirkungen auf das Herz-Kreislaufsystem sind zudem schwer nachweisbar, da eine Reihe von exogenen und endogenen Faktoren bei der Erkrankung mit eine Rolle spielen. Zumindest kann jedoch festgestellt werden, dass Lärm einen Risikofaktor für Herz-Kreislauf Erkrankungen darstellt (Jansen et. al. 1996: 35). Laut Kloepfer et al. (2006: 168, 169) gibt es in diesem Bereich zahlreiche Studien, welche allerdings teils widersprüchlich sind oder methodische Mängel aufweisen. Zusammenhänge zwischen Verkehrslärm und dem Risiko für Herzerkrankungen sind jedoch bei hohen Mittelungspegeln (über 65 dB(A)) nicht auszuschließen.

3 Die Richtlinie 2002/49/EG über die Bewertung und Bekämpfung von Umgebungslärm

In diesem Abschnitt geht es allgemein um die EU-Umgebungslärmrichtlinie und speziell um relevante Berechnungsvorschriften und Methoden welche die Grundlage für die Berechnungen in dieser Arbeit bilden. Darüber hinaus wird auf die Umsetzung der Richtlinie in deutsches Recht eingegangen und mögliche Schwachpunkte, insbesondere in Hinblick auf die Fassadenpegel, werden im Verlauf von mir erörtert.

3.1 Allgemeines

Die Richtlinie 2002/49/EG über die Bewertung und Bekämpfung von Umgebungslärm ist ein Rechtsakt der Europäischen Union und gehört zum so genannten sekundären Unionsrecht. Die Kennzeichnung setzt sich aus dem Jahr, einer laufenden Nummer und abhängig von dem Jahr in dem die Richtlinie erlassen wurde den Bezeichnungen Europäische Union, Europäische Gemeinschaft bzw. Europäische Wirtschaftsgemeinschaft zusammen. Die Mitgliedsstaaten haben dabei einen Handlungsspielraum, in welchen Umfang die Richtlinie umgesetzt wird. Allerdings müssen die in der Richtlinie genannten Verpflichtungen durch die Mitgliedsstaaten noch in das nationalstaatliche Recht übertragen werden, was in Deutschland durch die Änderung des Bundes-Immissionsschutzgesetzes (BImSchG) geschehen ist (Europäische Union 2010).
Als Umgebungslärm wird in der Richtlinie derjenige Lärm bezeichnet, „der [von der] Bevölkerung in bebauten Gebieten, in öffentlichen Parks oder anderen ruhigen Gebieten eines Ballungsraums, in ruhigen Gebieten auf dem Land, in der Nähe von Schulgebäuden, Krankenhäusern und anderen vor Lärm zu schützenden Gebäuden und Gebieten wahrgenommen wird“ (Europäische Union 2008).

3.2 Hintergrund und Zielsetzung

Die Lärmschutzpolitik der europäischen Union umfasste in der Vergangenheit ausschließlich auf Anlagen bezogene Lärmpegel wie z.B. zulässige Geräuschpegel an Fahrzeugen und Maschinen. Im Jahre 1996 wurde jedoch im Grünbuch über die zukünftige Lärmschutzpolitik der Europäischen Kommission erstmals Lärm als Umweltproblem definiert und gleichzeitig als eines der größten Umweltprobleme in Europa bezeichnet. Dort heißt es, dass geschätzte 20 % der Bevölkerung in Westeuropa massiven Lärmpegeln ausgesetzt sind. Um die Lärmbelastung zu verringern, sollten Verfahren zur Überwachung entwickelt und konkrete Zielvorgaben festgelegt werden (Europäische Kommission 1996: 2). Diese Bemühungen mündeten schließlich sechs Jahre später, am 25.06.2002, in der Richtlinie 2002/49/EG über die Bewertung und Bekämpfung von Umgebungslärm. Um den Umgebungslärm nachhaltig zu verringern, bzw. einer

Zunahme des Lärms vorzubeugen sollen die Mitgliedsstaaten schrittweise strategische Lärmkarten und Lärmaktionspläne erstellen um dadurch die belasteten Personen und Lärmschwerpunkte zu ermitteln. Darüber hinaus soll die Öffentlichkeit über die Planung informiert werden und auch in diese involviert werden. Die abgeschlossenen Pläne müssen an die Europäische Kommission übergeben werden um zu einem späteren Zeitpunkt weitere Gemeinschaftsmaßnahmen entwickeln und einführen zu können (Europäische Union 2002: Art. 1, Abs. 1 & 2). Die Fristen hinsichtlich der Übermittlung der Daten und der Bearbeitung der Lärmkarten und Lärmaktionspläne richten sich nach der Größe der Ballungsräume bzw. nach der quantitativen Belastung der unterschiedlichen Verkehrsarten (vgl. Tab. 1).

Tabelle 1: Fristen zur Durchführung der EU-Umgebungslärmrichtlinie (BMU 2008)

	Mitteilung an die Kommission bis	Strategische Lärmkarten bis	Aktionspläne bis
Ballungsräume			
mit mehr als 250.000 Einwohnern	30.06.05	30.06.2007	18.07.2008
mit mehr als 100.000 Einwohnern	31.12.2008	30.06.2012	18.07.2013
Hauptverkehrsstraßen			
mit mehr als 6 Mio. Kfz pro Jahr	30.06.2005	30.06.2007	18.07.2008
mit mehr als 3 Mio. Kfz pro Jahr	31.12.2008	30.06.2012	18.07.2013
Haupteisenbahnstrecken			
mit mehr als 60.000 Zügen pro Jahr	30.06.2005	30.06.2007	18.07.2008
mit mehr als 30.000 Zügen pro Jahr	31.12.2008	30.06.2012	18.07.2013
Großflughäfen			
mit mehr als 50.000 Flugbewegungen pro Jahr	30.06.2005	30.06.2007	18.07.2008

Die Umgebungslärmrichtlinie umfasst Lärmimmissionen von Straßen- und Schienenfahrzeugen, Infrastruktureinrichtungen, Flugzeugen sowie solche der Industrie und der für die Verwendung im Freien vorgesehenen Geräte. Kategorien wie Nachbarschaftslärm oder Freizeitlärm sind hier nicht mit zu berücksichtigen (Europäische Union 2002: Abs. 5 & 6). Ich beschränke mich bei dieser Arbeit auf die Analyse des Straßenverkehrslärms, der in der Stadt Bochum laut des Lärmaktionsplanes die höchsten Belastungen aufweist (Stadt Bochum 2010: 8). Da die Berechnung der Lärmarten Straßenverkehr, Schienenverkehr und Gewerbe getrennt vorzunehmen sind (Bundesministerium der Justiz 2006: §4, Abs. 5), ist es denkbar, dass Informationssystem zu einem späteren Zeitpunkt um diese Kategorien zu erweitern.

3.3 Harmonisierte Indizes und Bewertungsmethoden

Die Umgebungslärmrichtlinie sieht für die Verwendung von strategischen Lärmkarten die Lärmindizes L_{den}, L_{day}, $L_{evening}$ und L_{night} vor. Es wird den Mitgliedsstaaten jedoch freigestellt, für bestimmte Sonderfälle oder für die akustische Planung bestehende nationale Indizes zu verwenden (Europäische Union 2002: Art. 5). Die Indizes L_{day}, $L_{evening}$ und L_{night} beschreiben die Lärmbelastung während einer bestimmten Tageszeit; für Deutschland sind dies die Zeiträume L_{day} 6 – 18 Uhr, $L_{evening}$ 18 – 22 Uhr und L_{night} 22 – 6 Uhr (Bundesministerium der Justiz 2006: § 2). Der Index L_{den} ausgedrückt in dB(A) dient zur Beurteilung der allgemeinen Belastung und setzt sich wie folgt zusammen:

$$L_{den} = 10 \lg \frac{1}{24}\left(12 * 10^{\frac{L_{day}}{10}} + 4 * 10^{\frac{L_{evening}+5}{10}} + 8 * 10^{\frac{L_{night}+10}{10}}\right)$$

Die vorangehende Formel veranschaulicht, dass sich der Wert des Ergebnisses am Abend um einen Aufschlag von 5 dB und in der Nacht um einen Aufschlag von 10 dB erhöht. Neben dem L_{den} - Wert wird in der Regel der L_{night} - Wert angegeben, um die sensible Zeit der Nachtruhe mit eventuellen damit einhergehenden Schlafstörungen zu beleuchten. Es ist zu beachten, dass es sich bei den genannten Schallpegeln um A-bewertete äquivalente Dauerschallpegel gemäß ISO- 1996-2: 1987 handelt und der Beurteilungszeitraum ein Jahr beträgt. Außerdem gilt: „ein Jahr ist das für die Lärmemission ausschlaggebende und ein hinsichtlich der Witterungsbedingungen durchschnittliches Jahr“ (Europäische Union 2002: Anhang 1). Es wird nur der direkt einfallende Schall berücksichtigt, der von Gebäuden reflektierte Schall bleibt somit außen vor. Für die Berechnung der Lärmbelastung an und in Gebäuden sieht die Umgebungslärmrichtlinie eine Höhe der Ermittlungspunkte von 4 m (± 0,2 m) vor. Allerdings wird den Mitgliedsstaaten freigestellt, für bestimmte Zwecke – z.B. hinsichtlich der Ermittlung der Lärmbelastung von einzelnen Wohnungen – eine andere Höhe zu wählen, welche jedoch nie weniger als 1,5 m über dem Boden betragen darf (Europäische Union 2002: Anhang 1).

Zur Zeit liegen noch keine EU-weiten harmonisierten Berechnungsverfahren vor, sodass in der EU-Umgebungslärmrichtlinie darauf verwiesen wird, nationale Methoden anzuwenden. Diese müssen in einigen Punkten, etwa bei der Definition der neuen Lärmindizes L_{den} und L_{night}, angepasst werden. In Deutschland gibt es die so genannte Vorläufige Berechnungsmethode für den Umgebungslärm (z.B. an Straßen, kurz VBUS), welche auf den bestehenden Berechnungsverfahren wie z.B. Schall03, RLS-90 oder TA Lärm basiert. Eine besondere Berechnungsmethode ist die VBEB (Vorläufige Berechnungsmethode zur Ermittlung der Belastetenzahlen durch Umgebungslärm), auf welche ich im folgenden Abschnitt eingehen werde (BMU 2008).

3.4 Ermittlung von Belastetenzahlen

Die oben erwähnte VBEB dient zur quantitativen Ermittlung der von Lärm belasteten Menschen, Wohnungen, Schulen und Krankenhäusern. Die Berechnungsmethode ist an die VDI 3722 Blatt 2 angelehnt, wurde jedoch im Sinne der EU-Umgebungslärmrichtlinie angepasst (BMU & BMVBS 2007: Abs. 1). Bei der Ermittlung der Belastetenzahlen ist die geschätzte Anzahl der Menschen zu erfassen, die innerhalb der festgelegten Isophonen-Bänder (Linien gleicher Schalldruckpegel) wohnt. Die Isophonen-Bänder sind für den Index L_{den} 55 dB(A) bis über 75 dB(A), jeweils in 5 dB(A) Abstufungen, für den L_{night} über 55 dB(A) (optional auch über 45 dB(A)) bis über 70 dB(A). Die Angabe der Belastetenzahlen soll tabellarisch erfolgen, aufgegliedert in die unterschiedlichen Lärmarten. Für diese Berechnung sind entweder amtliche Daten (Geschosszahl oder Grundfläche eines Gebäudes) oder statistische Angaben zur Bevölkerung von Nöten. Zu diesem Zweck sind in der VBEB verschiedene Verfahren zu finden, die zur Abschätzung der Belastetenzahlen bei unterschiedlichen Datengrundlagen dienen (BMU & BMVBS 2007: Abs. 3). Die Immissionspunkte, also die Punkte an denen letztlich der Lärmpegel berechnet wird, liegen in 4 m Höhe über den Boden direkt an der Fassade angesetzt. Die vertikale Anordnung ist wie folgt definiert:

- die Immissionspunkte liegen immer in der Mitte einer Fassade/Teilfassade
- ein Immissionspunkt pro Fassade,bei der die Fassade nicht länger als 5 m umfasst
- bei mehr als 5 m erfolgt eine Aufteilung in gleich lange Teilfassaden (min. 2,5 m, max. 5 m)
- aufeinanderfolgende kurze Fassaden werden zusammengefasst falls die Gesamtlänge mehr als 5 m beträgt.

In Abbildung 4 ist zur Verdeutlichung ein Beispiel aus der VBEB dargestellt.

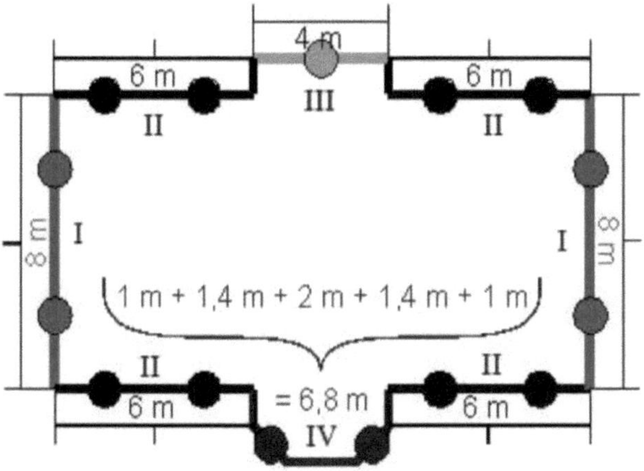

Abbildung 4: Bestimmung der Immissionspunkte nach VBEB (BMU & BMVBS 2007: Abs. 7)

So werden bei I und II die Fassaden in gleich lange Teilfassaden zerlegt, da die Fassaden länger als 5 m sind. Für die Fassaden unter 5 m, jedoch über 2,5 m Länge wird je ein Immissionspunkt bestimmt (III). Bei IV werden mehrere aufeinanderfolgende Teilfassaden zu einer Fassade zusammengefasst und entsprechend berücksichtigt. Sind die Immissionspunkte bestimmt, werden alle Einwohner eines Gebäudes gleichmäßig auf diese verteilt. Der berechnete Wert wird anschließend den einzelnen Pegelbereichen zugeordnet, wobei die Ergebnisse auf 100 Einwohner entweder auf-oder abgerundet werden.

Zur Ermittlung von durch Lärm belastete Wohnungen, Schulen und Krankenhäusern wird der energetische Mittelwert aller Immissionspunkte eines Gebäudes berechnet und mit den L_{den}-Werten von über 55, 65 und 75 dB(A) dargestellt (BMU & BMVBS 2007: Abs. 5).

3.5 Öffentlichkeitsbeteiligung

Der Artikel 9 der EU-Umgebungslärmrichtlinie sieht vor, dass auch die Öffentlichkeit über die strategischen Lärmkarten und Aktionspläne unterrichtet werden muss. Dies soll u.a. mit der Hilfe von verfügbaren Informationstechnologien geschehen und dabei deutlich und verständlich sowie in einer Zusammenfassung vorliegend verfügbar gemacht werden (Europäische Union 2002: Art. 9). In § 47 d Absatz 3 des Bundes-Immissionsschutzgesetzes ist darüber hinaus geregelt, dass die Öffentlichkeit zu den Vorschlägen in den Lärmaktionsplänen rechtzeitig angehört wird, um an der Ausarbeitung und Überprüfung mitwirken zu können. Bei der Stadt Bochum fand zu diesem Zweck zunächst eine Ideenbörse mit Vertretern aus Politik, Verwaltung und Nahverkehrsunternehmen sowie weiteren Institutionen und Vereinen die befugt sind zum

Thema Lärm Stellung zu nehmen statt. Bei dieser Ideenbörse wurde die weitere Vorgehensweise bezüglich der Öffentlichkeitsbeteiligung vertieft, was konkret bedeutet, dass die vorhandenen Informationen als Auslage im Rathaus, wie auch im Internet den Bürgerinnen und Bürgern zur Verfügung gestellt worden ist. Folgende Themenbereiche wurden dabei vorgestellt (Stadt Bochum 2010: 45):

- Gesetzliche Grundlagen der Lärmminderungsplanung
- Wie sehen Lärmkarten aus?
- Was ist ein Lärmaktionsplan?
- Wo liegen Bochumer Lärmschwerpunkte?
- Welche Maßnahmen mindern Lärm?
- Wie kann ich mich an der Aktionsplanung beteiligen?

Der Öffentlichkeit wurde anschließend im Zeitraum vom 01.05.2009 bis 31.05.2009 die Möglichkeit gegeben, Anregungen, Verbesserungsvorschläge und Ideen zur Lärmminderung einzureichen. Insgesamt haben sich etwa 230 Personen an der Aktion beteiligt und rund 80 verschiedene Vorschläge eingereicht. Diese Anregungen können in der Anlage 5 des Lärmaktionsplans eingesehen werden (Stadt Bochum 2010: 46).

In anderen Städten wurde die Öffentlichkeitsbeteiligung konsequent mit Hilfe von Internetplattformen umgesetzt. Als Beispiel ist hier die Stadt Essen und die Stadt Köln zu erwähnen. So können bei der Stadt Köln Maßnahmenvorschläge eingesehen und kommentiert werden (http://laermaktionsplanung.stadt-koeln.de/). Neben einer detaillierten Beschreibung werden dort das Lärmminderungspotential, der Umsetzungszeitraum, die Kostentendenz und die Zuständigkeit fachlich bewertet. In Essen wurde im Zuge der EU-Umgebungslärmrichtlinie eine eigene Internetseite eingerichtet (http://www.essen-soll-leiser-werden.de). Das Hauptthema betreffend gibt es auf der genannten Internetseite eine Google Maps Applikation, die das Stadtgebiet und darüber liegend die Lärmkarten für die unterschiedlichen Lärmarten beinhaltet. Darüber hinaus konnten die Bürgerinnen und Bürger in der Zeit der Beteiligung ihre Beschwerden und Vorschläge eintragen und in der Karte verorten lassen.

3.6 Umsetzung der Richtlinie in deutsches Recht

Wie bereits erwähnt, ist die Umgebungslärmrichtlinie durch die Änderung des BImSchG in das deutsche Recht übergegangen. Zu diesem Zweck wurde der § 47a des Gesetzes durch die Einfügung eines sechsten Teils überarbeitet. In der ursprünglichen Fassung wurden zuvor nur Maßnahmen zur Lärmminderung vorgesehen, wenn bereits eine Lärmbelastung vorlag. In der EU-Umgebungslärmrichtlinie sollen jedoch Lärmkarten und Lärmaktionspläne für den gesamten

Ballungsraum und unabhängig von der tatsächlichen Belastung erstellt werden (Feldmann 2005: 352). Allerdings gab es im Gesetzgebungsverfahren erhebliche Schwierigkeiten, da der Bundesrat dem Gesetzesentwurf der Bundesregierung nicht zustimmte (Bundestagsdrucksache 15/4377). Im Anschluss wurde deshalb der Vermittlungsausschuss einberufen, welcher einen gekürzten Kompromiss erarbeitete. Dieser Vorschlag erhielt schließlich die Zustimmung der Bundesregierung und des Bundesrates und trat am 30.05.2005 in Kraft (Rottmann 2005: 2). Als problematisch erweist sich zur Zeit, dass rechtsverbindliche Bestimmungen neben der EU-Umgebungslärmrichtlinie bestehen, deren Beurteilungen sich nicht direkt miteinander vergleichen lassen. Abbildung 5 verdeutlicht diesen Zusammenhang sehr anschaulich.

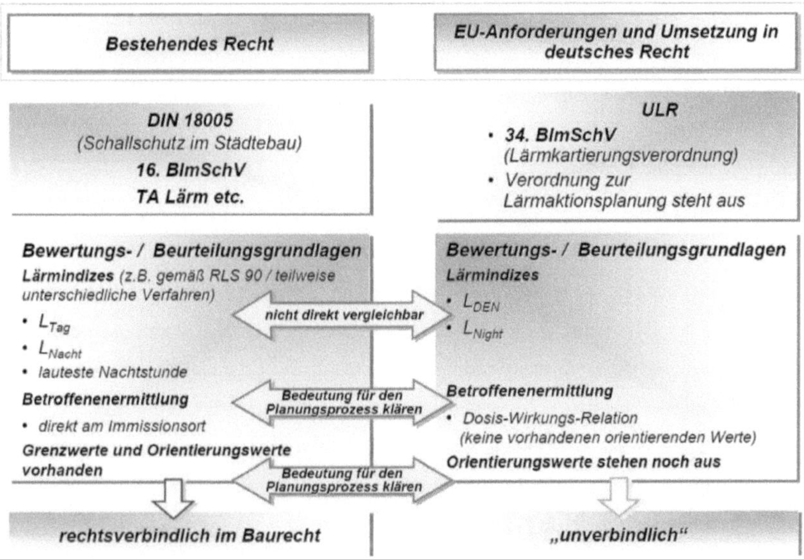

Abbildung 5: Bestehendes Recht im Vergleich mit den EU-Anforderungen (BMVBS 2010: 26)

3.7 Kritik und Diskussion

Da die EU-Kommission in ihrem Gesetzesentwurf keine konkreten Angaben zur Umsetzung der in der Umgebungslärmrichtlinie geforderten Maßnahmen macht, wurde im Jahre 2003 eine Arbeitsgruppe gegründet, die den zuständigen Behörden Hilfestellung und Unterstützung anbieten soll (WG-AEN 2006: 5). Einige Aspekte, die in den Bereich dieser Arbeit fallen, werden an dieser Stelle vorgestellt.

Die Arbeitsgruppe der europäischen Kommission für die Bewertung von Lärmbelastungen (WG-AEN) diskutiert beispielsweise die in der Richtlinie vorgesehene Ermittlungshöhe von 4

m. Laut der Arbeitsgruppe könne die festgelegte Höhe unter Umständen zu erheblichen Ungenauigkeiten führen, etwa bei hohen Wohngebäuden mit in der Nähe befindlichen erhöhten Lärmquellen oder bei einstöckigen Wohngebäuden, die in der Nähe von Lärmquellen errichtet wurden. Daher empfiehlt diese Gruppe für weitere Darstellungen unterschiedliche Ermittlungshöhen zu verwenden (WG-AEN 2006: 47). Auf diese Empfehlung stützt sich auch das in dieser Arbeit entwickelte Informationssystem, für welches aus Gründen der Genauigkeit und Transparenz unterschiedliche Höhen verwendet werden (mehr dazu unter 5.1.2). Weiterhin wird empfohlen bezüglich der Ermittlungspunkte für die Zuweisung von Lärmpegeln an Gebäuden einen Datensatz zu erstellen, der die Punkte enthält, die im Abstand von 0,1 m vor der betreffenden Fassade liegen und keine Reflexionen von der entsprechenden Fassade enthalten. Reflexionen erster Ordnung von anderen Fassaden und sonstigen Objekten sollten jedoch berücksichtigt werden (WG-AEN 2006: 50). Dieser Aspekt dient der Genauigkeit der Ergebnisse und wurde auch in dieser Form für diese Arbeit verwendet.

Neben diesen Verbesserungs- und Umsetzungsvorschlägen wird indes auch Kritik an der EU-Umgebungslärmrichtlinie geübt. So vermerkt Rottmann (2005: 2) in ihrem Aufsatz, dass die Umgebungslärmrichtlinie keine verbindlichen Grenzwerte vorsieht und die Planung der Lärmminderungsmaßnahmen komplett den Mitgliedsstaaten überlassen wird. Kritik übt sie jedoch vor allem an der Umsetzung der Richtlinie in nationales Recht: Nach einer langwierigen Diskussion zwischen Bundesregierung und Bundesrat wurde mit einer einjährigen Verspätung ein mit Kompromissen behaftetes Gesetz verabschiedet, welches in großen Teilen die Umgebungslärmrichtlinie nur zitiert. Dies hat zur Folge, dass wichtige Regelungen z.B. bezüglich der Finanzierung und der Möglichkeit Lärmaktionspläne gemeinsam mit anderen Fachplänen aufzustellen, gestrichen und die Kommunen somit zusätzlich belastet wurden.

Kloepfer et al. (2006: 533 – 535) merken an, dass von der EU-Umgebungslärmrichtlinie aufgrund der harmonisierten Beurteilungsmethoden und der konsequenten Öffentlichkeitsbeteiligung ein erheblicher Druck auf die nicht einheitlichen nationalen Regelwerke ausgeht, der die Lärmminderungsplanung positiv beeinflussen könnte. Ferner wird diskutiert, dass die EU in Zukunft - vergleichbar mit der Luftreinhalterichtlinie - ein eigenes Grenzwertsysteme einführen könnte.

4 Datengrundlagen und Lärmberechnung

Für die Lärmberechnung, insbesondere für dieses Projekt wird eine Reihe von Daten benötigt, die im Folgenden erläutert werden. Darüber hinaus wird auf die verwendete Software eingegangen, sowie die für das Informationssystem nötige Berechnung beschrieben.

4.1 3D-Stadtmodelle

Allgemein betrachtet ist ein 3D-Stadtmodell eine dreidimensionale, modellhafte Abbildung einer realen Stadt. Gemäß dieser Definition könnte es sich dabei auch um ein haptisches, real konstruiertes Papp- oder Holzmodell handeln. In der Regel ist aber ein digitales Modell gemeint, welches mannigfaltig genutzt werden kann. Mögliche Nutzungen ergeben sich beispielsweise im Bereich der Stadtplanung, des Tourismus und der Wirtschaftsförderung. Ein besonderer Vorteil von digitalen 3D-Stadtmodellen zeigt sich in der relativ einfachen Modifikation der Darstellung, die z.B. in Planungsprozessen eingesetzt werden kann und die geforderte Öffentlichkeitsbeteiligung positiv unterstützt. Weitere Interessenten sind Ingenieurbüros und die Hersteller von Navigationssoftware sowie die Feuerwehr, etwa für die Planung von Sicherheitsmaßnahmen und Evakuierungen. Nicht zuletzt spielen 3D-Stadtmodelle für umweltrelevante Fragestellungen eine entscheidende Rolle. Für den in dieser Arbeit diskutierten Themenkomplex Lärm sind exakte, dreidimensionale Modelle von Vorteil, da sie zum einen die Berechnung der Lärmausbreitung verbessern und zum anderen bereits vorhandene Daten genutzt werden können. Aber auch in anderen Bereichen, wie z.B. der Luftreinhaltung, der Simulation von Hochwasserereignissen oder bei der Ermittlung des Solarpotentials von Gebäudedächern kommen 3D-Stadtmodelle zum Einsatz (AG 3D-Stadtmodelle 2004: 7).

Für die Visualisierung von 3D-Stadtmodellen haben sich unterschiedliche Abstraktionsgrade etabliert. Diese werden als LoD bezeichnet (engl. für Level-of-detail) und umfassen das LoD1 (einfaches Bauklötzchenmodell mit grob abgeleiteten Höhen z.B. aus Stockwerkszahlen), das LoD-2 (einfache geometrische Körper mit Dachformen und evtl. automatisiert abgeleitete Texturen) und das LoD-3 (detailliertes Modell bis auf wenige Zentimeter genau und mit fotorealistischen Texturen) (Bill & Zehner 2001: 167). Darüber hinaus existiert noch der Detaillierungsgrad LoD4, welcher die Modellierung von Gebäudeinneren ermöglicht und somit aufgrund der Komplexität nicht in dreidimensionalen Modellen einer gesamten Stadt verwendet werden kann (Fan et al. 2009: 389). Zusätzlich existiert auch noch ein LoD-0, welches jedoch lediglich ein Regionalmodell in 2,5D darstellt. Zur Veranschaulichung sind die unterschiedlichen LoD in Abbildung 6 dargestellt.

	**LOD 0 – Regionalmodell** • Geländemodell (DGM) mit Luftbildtextur
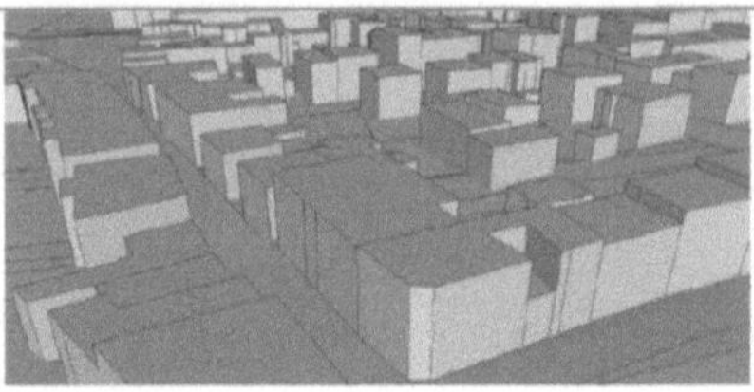	**LOD 1 –Stadt-/ Standort-/ oder „Klötzchenmodell"** • Modellierung der Gebäudeblöcke • keine ausdefinierten Dachformen
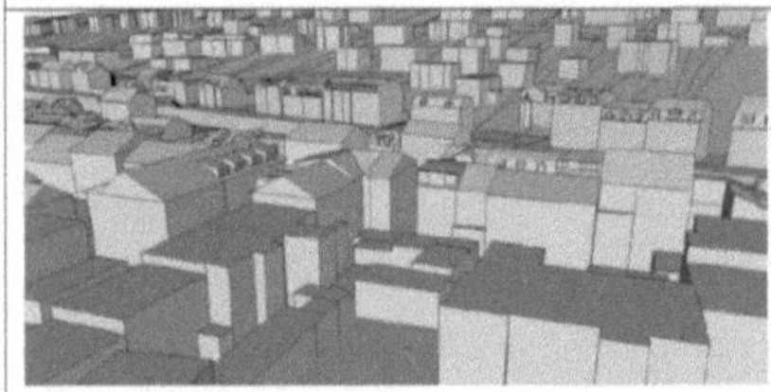	**LOD 2 – Stadt-/ Regionalmodell** • differenzierte Dachformen (Typ und Ausrichtung) • einfache Fassadentexturen und Vegetationsattribute
	**LOD 3 – Stadt-/ Architekturmodell** • detailliert ausdefinierte und texturierte Architekturmodelle • realitätsgetreue Dachformen • Vegetationsmerkmale • Straßenmöblierung
	**LOD 4 – Innenraummodelle** • „begehbare" Architekturmodelle • ausdefinierte Etagen, Innenräume, Möblierungen, etc. • komplette Texturierung

Abbildung 6: Unterschiedliche Detaillierungsgrade (LoD) bei 3D-Stadtmodellen (Antz 2009: 19)

4.1.1 Ableitung der Modelle aus Katasterdaten

Die im 3D-Stadtmodell der Stadt Bochum verwendeten Gebäudedaten stammen aus dem Katastergrundriss, welcher durch ALKIS® verwaltet wird. Das Akronym steht für die Bezeichnung „Amtliches Ligenschaftskataster-Informationssystem“ und vereint die zuvor voneinander getrennt genutzten Systeme ALB (Automatisiertes Liegenschaftsbuch) und ALK (Automatisierte Liegenschaftskarte). ALKIS® ist ein bundeseinheitliches Verfahren zur Harmonisierung amtlicher Geodaten und darüber hinaus Bestandteil des AFIS®/ALKIS®/ATKIS® -(AAA)-Konzeptes der Arbeitsgemeinschaft der Vermessungsverwaltungen der Länder der Bundesrepublik Deutschland (AdV). Ziel ist es, die Geodaten über bestimmte Dienste interoperabel anzubieten und mit weiteren Daten, welche beispielsweise in den Kommunen vorliegen, zu verknüpfen. Dabei werden internationale Standards wie die OGC (Open Geospatial Consortium)-Spezifikationen und bestimmte ISO-Normen berücksichtigt (Köster & Müller 2005: 151). ALKIS® wird an dieser Stelle erwähnt, da es sich zur Ableitung von 3D-Stadtmodellen und/oder für die Bereitstellung von Gebäudegeometrien zur Lärmberechnung eignet.

4.1.2 Das Austauschformat CityGML

CityGML steht für „City Geography Markup Language“ und ist ein auf XML aufbauendes Format für die Visualisierung, Speicherung und den Austausch von virtuellen, dreidimensionalen Stadtmodellen. Basierend auf der „Geography Markup Language (GML3) und auf ISO-Standards wurde das Format von der „Special Interest Group 3D (SIG 3D)“ entwickelt und im August 2008 offiziell von der OGC anerkannt. Neben der Geometrie der Objekte werden auch spezielle Eigenschaften wie z.B. die Semantik, Topologie und das Erscheinungsbild verarbeitet. Dies gilt nicht nur für Gebäude, sondern darüber hinaus auch für Höhenmodelle, Vegetation, Wasserflächen, Straßenmöblierung usw. Das Datenmodell ist offen konzipiert, das heißt der Quelltext ist auch für die Öffentlichkeit frei zugänglich und kann durch diese weiterentwickelt werden. (Fan et al. 2009: 389 & OGC 2008: xv).

Neben dem Basisschema bietet CityGML auch eine Erweiterung für das Fachschema Lärm. Dadurch lassen sich die Vorgaben der EU-Umgebungslärmrichtlinie sowie weitere Berechnungsvorschriften direkt in das CityGML-Format integrieren. Dazu gehören beispielsweise die Segmentierung von Straßen und Schienen mit den dazugehörigen Verkehrsstärken und Geschwindigkeiten oder die Attributierung von Gebäuden hinsichtlich ihrer Reflexionseigenschaften. CityGML bietet sich daher als Austauschformat für 3D-Geodaten für die Lärmkartierung an, da kein anderes Format mehr benötigt wird (Czwerwinski et al. 2007: 70 - 72). Voraussetzung dafür ist allerdings, dass die Lärmberechnungs-Software CityGML unterstützt. Da dies in der verwendeten Software zum Berechnungsschluss noch nicht implementiert wurde, musste für diese Arbeit zunächst ein Zwischenschritt erfolgen, der in Abschnitt 5.1 näher erläutert wird.

4.1.3 Das 3D-Stadtmodell der Stadt Bochum

Die Stadt Bochum verfügt seit dem Jahr 2004 über ein das gesamte Stadtgebiet umfassendes 3D-Modell in unterschiedlichen Detaillierungsgraden. Zum Ende diesen Jahres sind alle Gebäude in den Detaillierungsgraden LoD1 und LoD2 verfügbar. Dabei stammen die Daten für das LoD1 wie bereits erwähnt aus dem Katastergrundriss, wobei die Gebäudehöhen aus den dort hinterlegten Geschosszahlen abgeleitet werden. Für das LoD2-Modell existieren zusätzlich im Innenstadtbereich genauere Höhendaten, die aus einer Luftbildbefliegung von Geobasis-NRW stammen. In Abbildung 7 ist mit dem technischen Rathaus ein Bereich des LoD2-Modells aus der Visualisierungs-Software CityViewer zu sehen.

Abbildung 7: Das Bochumer 3D-Stadtmodell im CityViewer
(eigene Darstellung)

Das für dieses Projekt verwendete Stadtmodell hat einen Fortführungsstand von März 2010, allerdings stammen die für die Berechnung verwendeten Gebäudedaten aus dem Jahre 2006, da diese erst aus dem CityGML-Format ins ESRI Shape-Format konvertiert werden mussten. Diese Gebäudedaten lagen also bereits vor und wurden auch in den zuletzt erstellten Lärmberechnungen der Stadt Bochum verwendet.

4.2 Digitale Geländemodelle

Als Grundlage für die Lärmberechnungen nach der EU-Umgebungslärmrichtlinie wird zwingend ein digitales Geländemodell (im Folgenden als DGM bezeichnet) benötigt. Ein DGM ist die digitale Speicherung aller Informationen über die Geländeoberfläche sowie deren Darstellung, z.B. in Form von Gittern oder Dreiecksnetzen (Bill & Zehner 2001: 65). Die Erfassung der Daten erfolgt entweder durch eine photogrammetrische Auswertung in Form von Luftbildern (zumeist automatisiert) oder durch einen flugzeuggestützten Laserscan. Beim Laserscanning werden Laserpulse ausgesendet die von der Erdoberfläche reflektiert und anschließend wieder vom Sensor erfasst werden. Dabei findet eine Laufzeitmessung statt, die der Bestimmung von Distanzen dient. Als Ergebnis dieser Erfassung werden Punktwolken ermittelt, die über bestimmte Lagekoordinaten (X, Y) verfügen, denen eine Höhe Z zugeordnet wird (Haala 2005: 26-28). Dies bedeutet per Definition, dass es sich dabei nicht um eine reine 3D-Information handelt, da keine mehrfachen Z-Werte gespeichert werden (Bill & Zehner 2001: 73). Man spricht deshalb bei Geländemodellen von einer 2,5D-Oberflächendarstellung, was der „plastischen" Darstellung eines Geländes entspricht (Blaschke & Tiede 2005: 280).

Um ein DGM aus Laserdaten zu erhalten, müssen allerdings noch einige Filteroperationen durchgeführt werden, da neben der Geländeoberfläche auch topographische Objekte wie Bäume und Gebäude erfasst werden. Ein DGM wird also aus einem so genannten digitalen Höhenmodell (DHM) - oder auch digitales Oberflächenmodell (DOM) genannt - berechnet. Für eine spätere Weiterverarbeitung werden die erfassten Messpunkte mittels Interpolation meist noch in ein regelmäßiges Raster überführt (Haala 2005: 30, 31).

Für diese Arbeit wurden Laserscandaten in Form einer Punktwolke verwendet, die in der Lärmprognose-Software SoundPLAN® modifiziert worden sind. So wurde eine Interpolation vorgenommen und die Straßenachsen sowie die Gebäudegeometrien mit dem Gelände verschnitten. Ein Ausschnitt des verwendeten DGM ist in Abbildung 8 zu sehen.

Abbildung 8: Digitales Geländemodell
(eigene Darstellung)

In der Mitte der Abbildung ist die Autobahn 40 im Bereich der Ausfahrt Bochum-Stadion dargestellt, gut zu erkennen an der im Gegensatz zur restlichen Abbildung ebenen Fläche. Im weiteren Verlauf lassen sich vor allem auf der linken Seite die Lärmschutzwälle ausmachen. Die Erhebung im hinteren Bereich der Abbildung ist der Tippelsberg, welcher jedoch nicht Gegenstand der Lärmberechnung war.

Die Basisdaten für das verwendete Modell sind im Jahre 2005 vom damaligen Landesvermessungsamt NRW erfasst worden.

4.3 Sonstige Daten

Neben dem 3D-Stadtmodell der Stadt Bochum und dem DGM wurden noch Verkehrsdaten sowie Daten zur Bevölkerung und Gebäuden benötigt. Die Verkehrsdaten wurden vom SvB (Straßenverkehr Bochum) zur Verfügung gestellt und beinhalten neben den Straßengeometrien Angaben zur Verkehrsstärke (getrennt für PKW und LKW) sowie zu Geschwindigkeitsbegrenzungen und Steigungen der Straßen im Projektgebiet. Darüber hinaus sind auch etwaige Lärmschutzwände bzw. -wälle in dem Datensatz vorhanden.

Die Gebäudegeometrien stammen ursprünglich aus dem 3D-Stadtmodell der Stadt Bochum, sie mussten jedoch zunächst aus dem Stadtmodell in das ESRI Shape-Format konvertiert werden, damit diese in der Lärmprognose-Software weiterverarbeitet werden konnten. Die Gebäudehöhen sind bei diesen verwendeten Daten noch aus der Stockwerksanzahl abgeleitet worden und stammen aus den ALKIS-Daten. Ein weiterer relevanter Parameter ist die Nutzung der Gebäude; so werden beispielsweise Gebäude die nicht dem Wohnzweck dienen, in der Berechnung nach EU-Umgebungslärmrichtlinie nicht berücksichtigt. Daten zu den Reflexionseigenschaften der Fassaden bzw. zu eventuell verbauten Lärmschutzfenstern waren zum damaligen Zeitpunkt leider nicht vorhanden. Diese sind allerdings auch nicht zwingend notwendig für die Berechnung, sondern verbessern die Genauigkeit und Transparenz der Ergebnisse.
Um die von Lärm belasteten Personen zu ermitteln werden bei der EU-Umgebungslärmrichtlinie Bevölkerungszahlen benötigt, möglichst aufgegliedert in einzelne Gebäude bzw. Wohnungen. Aus Gründen des Datenschutzes wurden für dieses Projekt jedoch Bevölkerungszahlen eines gesamtes Wohnblocks verwendet, die mit Hilfe der Lärmberechnungs-Software auf die vorhandenen Gebäude verteilt worden sind (mehr dazu unter 4.6). Der Lieferant für die Bevölkerungsdaten war das Amt für Statistik der Stadt Bochum.

4.4 Verwendete Software

In der EU-Umgebungslärmrichtlinie wird ausdrücklich gefordert, dass die Berechnung von Lärm computergestützt vorgenommen werden soll. Zu diesem Zweck kam für dieses Projekt die Software SoundPLAN® der Firma Braunstein + Berndt GmbH in der Version 7.0 zum Einsatz, welche auch bei der Stadt Bochum verwendet wird. Neben vielfältigen Möglichkeiten bei der Berechnung können die Ergebnisse auch dreidimensional dargestellt werden. Diese Darstellungen sind allerdings entweder statische Abbildungen oder im Vorfeld definierte Videosequenzen. Da das Informationssystem allerdings interaktiv sein soll, mussten die Ergebnisse noch in ein weiteres System zur Visualisierung überführt werden. Dafür wurde die kostenlose Software CityViewer der Firma 3DIS GmbH (http://3dis.de/) verwendet. Dieses Programm ermöglicht die Visualisierung kompletter 3D-Stadtmodelle mittels moderner 3D-Technologie in einer sehr schnellen und flüssigen Art und Weise. Die Integration von 3D-Stadtmodellen erfolgt über die Anwendungsplattform 3D-MAP in welche bestehende Modelle im CityGML-Format oder durch weitere Formate wie z.B. das Shape-Format von ESRI überführt werden können. Um ein Modell in den CityViewer zu laden, wird eine Lizenz benötigt, deren Nutzerkreis durch den Anbieter des Modells festgelegt werden kann. Die Modelle werden über das Internet oder

Intranet geladen (Streaming) und anschließend auf der Festplatte hinterlegt (Caching), um bereits verwendete Ausschnitte schneller wieder aufrufbar zu machen. Darüber hinaus können die Modelle wahlweise auch direkt auf einen Rechner installiert werden (3DIS GmbH). Neben der Visualisierung werden noch weitere Werkzeuge wie beispielsweise Metadaten, Höhen- und Abstandsmessung, oder eine Adresssuche angeboten. Für diese Arbeit wurde ein eigenes Werkzeug namens "Noise levels" entwickelt, welches unter 5.1 näher erläutert wird.

4.5 Das Projektgebiet

Das ca. 120 ha große Projektgebiet, welches ich für diese Arbeit ausgewählt habe liegt im Norden der Stadt Bochum. Abbildung 9 zeigt dieses eingegrenzt durch die blaue Markierung.

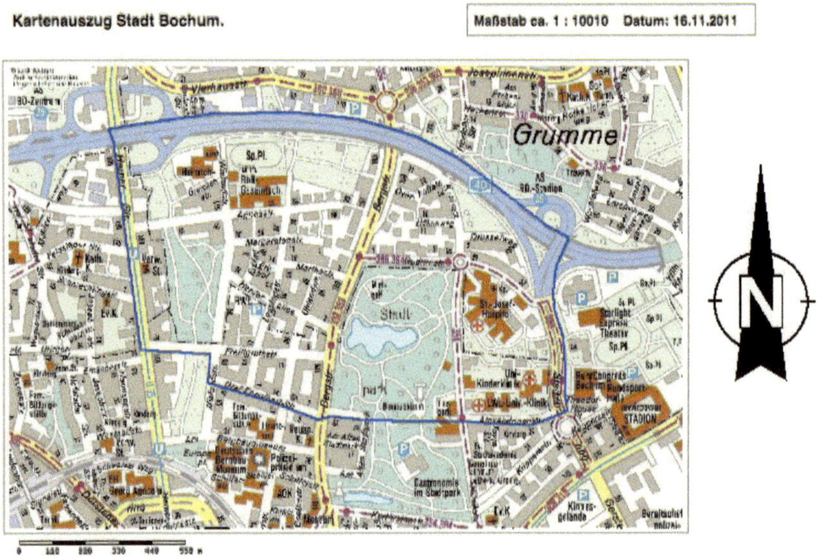

Abbildung 9: Kartenauszug aus dem Stadtplan Bochums
(Stadt Bochum)

Im Norden wird das Gebiet durch die Autobahn 40 im Bereich der Ausfahrt 36 Bochum-Stadion begrenzt, welche gleichzeitig mit knapp 95.000 Kfz pro Tag die Hauptlärmquelle des Untersuchungsgebietes darstellt. Die östliche Abgrenzung bildet die Herner Str., die westliche der Stadionring mit jeweils durchschnittlich etwa 22.000 Kfz pro Tag und im Süden reichen die erfassten Gebäude bis zur Alexandrinenstr., bzw. bis zur Graf-Engelbert-Str. Neben einigen nicht sehr stark befahrenen Straßen ist noch die Bergstr. mit durchschnittlich 14.000 Kfz pro Tag als signifikante Lärmquelle zu nennen, welche mittig durch das Gebiet führt. Als Besonderheit befinden sich im Projektgebiet mit dem St. Josef Hospital und der LWL-Universitäts-Klinik im Osten zwei Krankenhäuser und mit der Heinrich-Böll-Gesamtschule im Nordwesten eine Schule. Diese Sondernutzungen werden in der EU-Umgebungslärmrichtlinie gesondert betrachtet und berechnet (vgl. 3.4). Die Wohnbebauung ist als heterogen zu bezeichnen, da sowohl offene als auch geschlossene Bauweisen vorgefunden werden können. Abbildung 10 und 11 verdeutlichen diesen Aspekt anhand zweier Darstellung aus Google Street View.

Abbildung 10: Wohnbebauung im Projektgebiet

Abbildung 11: Wohnbebauung im Projektgebiet (Herner Str.)

(Google Street View)

Auf der linken Abbildung sind Einfamilienhäuser in offener Bauweise an der Bergstr. zu sehen, auf der rechten Seite ist die Herner Str. mit Mietshäusern in geschlossener Bauweise abgebildet. Das höchste Gebäude im Projektgebiet ist mit ca. 25 m ein Abschnitt des St. Josefs-Hospitals. Insgesamt wurde in dem Datensatz eine Anzahl von 2032 Gebäuden verarbeitet. In Abbildung 12 ist das gesamte Projektgebiet in der Geodatenbank der Software SoundPLAN® zu sehen, so wie es auch in die Berechnung eingegangen ist.

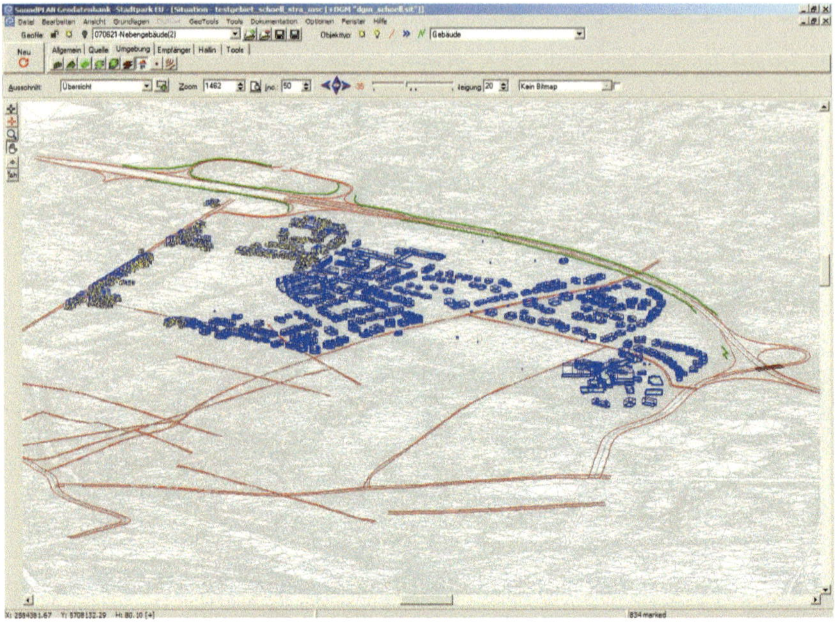

Abbildung 12: Das Projektgebiet in SoundPLAN®
(eigene Darstellung)

Abgebildet sind das DGM als graue Dreiecke, die Gebäude in blau und die erfassten Straßen in rot. Die grünen Markierungen entlang der A 40 im oberen Bildbereich sind Lärmschutzwände, die ebenfalls bei der Berechnung berücksichtigt wurden.

4.6 Berechnung der Fassadenpegel

Die Berechnung der Fassadenpegel wurde wie bereits genannt mit der Software SoundPLAN® vorgenommen. Als erster Schritt wurden die erwähnten Daten (DGM, Straßen und Gebäude) eingelesen und hinsichtlich Vollständigkeit und eventuell enthaltener Fehler überprüft. Um die Belastetenzahlen für einzelne Gebäude zu berechnen, wurden in einem weiteren Arbeitsschritt die einzelnen Wohnblöcke den entsprechenden Gebäuden zugeordnet. Bevor die Berechnung gestartet werden konnte, mussten zunächst einige Parameter und Berechnungsmethoden konfiguriert werden. Als Bewertungsmethode kam die VBUS zum Einsatz, einhergehend mit der Bewertung der Emission nach RLS90. Bei den Einstellungen zur Berechnung der Immissionspunkte (dargestellt in Abb. 14 auf der linken Seite) wurde die Bewertungsmethode VBEB ausgewählt (vgl. 3.4). Ebenfalls ist es möglich, die Immissionspunkte mit einem fixen Wert von z.B. einem Meter auf den Fassaden zu platzieren um eine noch genauere Visualisierung zu erhalten, wie auf der folgenden Abbildung 13 repräsentiert.

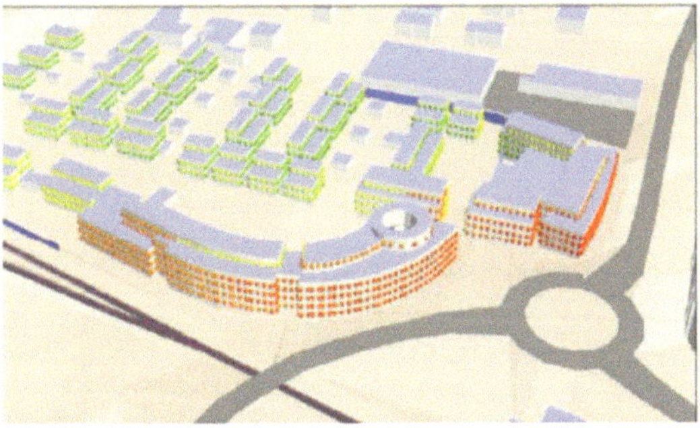

Abbildung 13: Fassadenpegel in einem Meter Abstand (Braunstein + Berndt GmbH 2005: 236).

Ich wählte diese Bewertungsmethode nicht, da der Berechnungsaufwand zu hoch ist und ich mich außerdem diesbezüglich an der von der EU vorgegebenen Berechnungsmethode orientieren wollte. Wie bereits unter 3.7 diskutiert, sieht die EU-Umgebungslärmrichtlinie eine fixe Höhe der Immissionsorte von 4 m vor. Wird das entsprechende Kontrollkästchen nicht aktiviert, setzt die Software die Immissionspunkte abhängig von der in den Gebäudedaten eingetragenen Stockwerksanzahl selbständig. Zusätzlich zu den Fassadenpegeln wurde für den Datensatz auch eine Rasterlärmkarte mit einer Rasterweite von 5 m erstellt. Diese wurde ebenfalls mit eine Höhe von 4 m berechnet und berücksichtigt alle Reflexionen ersten Grades.

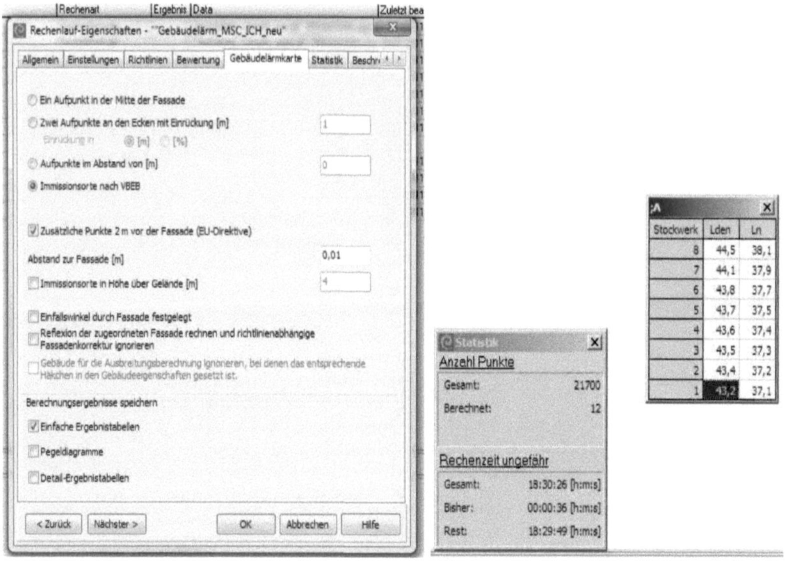

Abbildung 14: Eingabe der Berechnungsparameter (eigene Darstellung)

Insgesamt wurden so zwei Datensätze berechnet, einer nach EU-Umgebungslärmrichtlinie mit 4 m Höhe (ca. 5.400 erzeugte Immissionspunkte) und einer nach den oben genannten Kriterien mit ca. 21.300 Punkten. In Abb. 14 auf der rechten Seite sind die geraden berechneten Lärmpegel und die Berechnungsstatistik des Datensatzes mit den 21.700 Punkten dargestellt. Die Berechnung dauerte in diesem Fall über 18 Stunden. Mit einem hochaktuellen Rechner und durch die Verteilung auf mehrere Rechner ließe sich diese Zeit mit Sicherheit verkürzen; es wird jedoch deutlich, dass eine Übertragung der Berechnung auf das gesamte Stadtgebiet eine enorme Rechenzeit in Anspruch nimmt. Hochgerechnet für die insgesamt etwa 158.000 Gebäude der Stadt Bochum würde die Berechnung unter der genutzten Konfiguration über 1.400 Stunden dauern.

5 Visualisierung der berechneten Ergebnisse

Der Hauptteil dieser Arbeit besteht in der Visualisierung der im ersten Schritt berechneten Lärmpegel. Die im CityViewer entsprechende Umsetzung der zwei unterschiedlichen Berechnungsmethoden wird in den folgenden Abschnitten erläutert. Überdies wird die Anzahl der von Lärm belasteten Personen analysiert sowie verglichen. Außerdem wird ein Ausblick auf eine mögliche Weiterentwicklung des Systems vorgestellt.

Die Intention dafür eine dreidimensionale Visualisierung für Lärm zu wählen, gründet vor allem auf der Motivation ein besseres Verständnis der Inhalte zu erreichen.Laut Ulrike Wissen (2009: 46) sind auch Laien ohne jegliche Vorkenntnisse der Kartographie, in der Lage diese intuitiv zu verstehen und anzuwenden. Anders als bei abstrakten Karten, Tabellen oder Diagrammen wird die dreidimensionale Darstellung als sehr realitätsnah empfunden wodurch die Kommunikationsebene zwischen Experten und der Bevölkerung verbessert wird.

Für die dreidimensionale Visualisierung von Lärm werden in dieser Arbeit so genannte Gebäudelärmkarten, wie sie in der Lärmprognose-Software SoundPLAN® benannt werden, verwendet. Es ist jedoch anzumerken, dass es sich bei diesem Begriff nicht um eine festgelegte Definition handelt. Für die Berechnungsmethode anhand von Gebäudelärmkarten werden Immissionsorte an den Fassaden nach bestimmten Kriterien automatisiert vergeben und ausgewertet. Es handelt sich also um eine Einzelpunkt-nicht um eine flächenhafte Berechnung. Gebäudelärmkarten sind aber nicht nur ein Berechnungsvorgang sondern auch eine Darstellungsart, bei welcher die Gebäudefassaden entsprechend der berechneten Lärmpegel eingefärbt werden. Die Fassaden können dabei wahlweise komplett oder abschnittsweise koloriert bzw. mit farbigen Punkten kenntlich gemacht werden (Braunstein + Berndt GmbH 2005: 370). In Abbildung 15 sind diese unterschiedlichen Darstellungsarten in der genannten Reihenfolge zu sehen.

Abbildung 15: Darstellungsarten von Gebäuden hinsichtlich des Lärmpegels (Braunstein + Berndt GmbH 2005: 370).

Ich wählte zur Veranschaulichung meiner Berechnungen die Punktdarstellung, mit dem Ziel, eine möglichst genaue und in der Höhe differenzierte Darstellung zu erhalten. Mit der in Abb. Xxx ganz linken Methode, wäre dies aufgrund dessen, dass die Gebäude vollständig nach dem höchsten an einer Fassade auftretenden Schallpegel eingefärbt sind, nicht möglich. Darüber hinaus soll die Interoperabilität mit anderen Software-Lösungen gewährleistet werden. Der Hintergrund dessen ist die Struktur der Daten: jeden Punkt mit den Koordinaten x, y, und z wird der berechnete Pegel L_{den}, und L_{night} zugeordnet. Diese Zuordnung kann ohne Probleme mit jeglicher Visualisierungs-Software dargestellt werden, da die Immissionspunkte unabhängig von den vorhandenen Gebäuden verwaltet werden. Bei einer Darstellung mit eingefärbten Fassaden müsste jedoch auf die Gebäudeeigenschaften innerhalb des zugrunde liegende Stadtmodells zugegriffen werden. Im Vergleich zu den oben genannten Visualisierungstechniken ist denkbar, an den Fassaden auftreffenden Schall in Form eines Farbverlaufes zu konstruieren. Diese Technik erfordert jedoch eine Interpolation der vorgegeben Daten, möchte hier lediglich erwähnt sein, wird aber nicht weiter verfolgt.

5.1 Umsetzung im CtyViewer...

Um die berechneten Lärmpegel in den CityViewer einlesen zu können, mussten diese zunächst aus SoundPLAN® heraus in eine ESRI-Shapedatei exportiert werden. Neben den Koordinaten x, y, und z (Rechtswert, Hochwert, Höhe) wurden dabei die in Tabelle 2 dargestellten Parameter übermittelt.

Tabelle 2: Von SoundPLAN® übermittelte Parameter (eigene Darstellung)

NR	X	Y	Z	GELAENDEH□	ST□CKWERK	HAUSKENNUN	NAME	HRICHTUNG	LDEN	LN	
1	2584631,110	5707128,769	86,69	82,69	1	788460		SO	52,6	44,6	46,0
4	2585459,516	5707424,617	106,68	102,68	1	795876		N	67,8	60,2	62
5	2585032,274	5707455,451	100,15	96,15	1	785023		W	72,9	61,7	62,3
10	2585397,621	5707218,752	106,82	102,82	1	785162		W	51,9	42,1	41,3
11	2584467,339	5707621,453	86,07	82,07	1	790674		S	60,4	52,8	53,0
13	2585054,958	5707719,042	89,98	85,98	1	788470		W	66,3	58,6	59,6
15	2584996,607	5707389,048	100,40	96,40	1	785006		O	72,9	61,5	62,4
19	2585090,520	5707404,675	105,06	101,06	1	785002		O	64,0	55,8	54,8
21	2585503,399	5707331,552	112,97	108,97	1	788438		NO	67,5	60,0	60

Dazu gehören u.a. die Geländehöhe in m, die Anzahl der Stockwerke, die Hauskennung (= eindeutige Identifikationsnummer für jedes Gebäude) und die Himmelsrichtung auf welche die Fassade ausgerichtet ist. Am bedeutendsten sind die Parameter LDEN und LN, welche die berechneten Lärmpegel in dB(A) umfassen. Das im CityViewer implementierte Werkzeug „Noise levels“ liest die Koordinaten ein und stellt die Fassadenpegel des L_{den} Indizes mit Hilfe der folgenden Farbwerte als Punkte dar (Abb. 16). Die Farbwerte richten sich nach den Vorgaben der DIN 18005.

Abbildung 16: Legende der Pegelwerte Lden
(eigene Darstellung)

Auf dem der Arbeit beiliegendem Datenträger sind die Software CityViewer, alle Berechnungsergebnisse sowie das 3D-Stadtmodell der Stadt Bochum enthalten. Im Folgenden wird kurz die Vorgehensweise zum Abrufen der Daten erläutert. Als erster Schritt sollten die Daten auf Grund der begrenzten Geschwindigkeit des optischen Laufwerkes auf die lokale Festplatte kopiert werden. Im Verzeichnis „city_viewer“ befindet sich ein Ordner namens „pegel_viewer“ in welchem die Ausführungsdatei „CityViewer.exe“ zu finden ist. Allerdings sollte diese Datei nicht direkt, sondern mit Hilfe des Parameters – Noise aufgerufen werden. Dies könnte, je nach Pfadangabe des Laufwerkes, folgendermaßen aussehen: C:\city_viewer\pegel_viewer\CityViewer.exe -Noise. Lässt sich die Datei nicht öffnen, kann der CityViewer alternativ unter der Adresse http://3dis.de/ heruntergeladen und anschließend installiert werden. Ist der CityViewer geöffnet sollte zunächst beim Reiter „File“ der Menüpunkt „Open Model by URL“ (alternativ

Ctrl + L) ausgewählt werden. Das Stadtmodell befindet sich im Ordner „Bochum_Fassadenpegel_localCCF“. Anschließend kann das Werkzeug „Noise levels“ entweder über die Menüleiste oder über den Reiter „Tools“ aufgerufen werden. In Abbildung 17 ist das Werkzeug „Noise levels“ dargestellt.

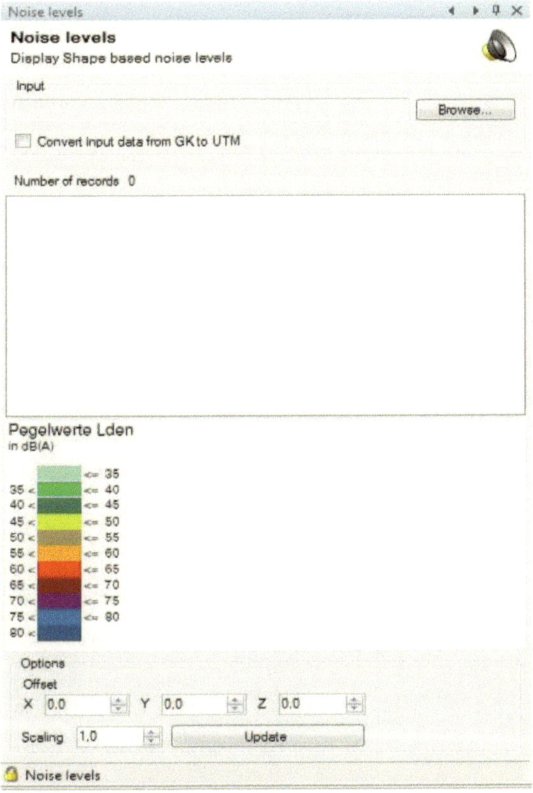

Abbildung 17: Das Werkzeug „Noise Levels“ im CityViewer (eigene Darstellung)

Mit der Funktion „Browse“ lassen sich die Shape-Dateien mit den Rechenergebnissen einlesen, deren Pfad anschließend unter „Input“ angezeigt wird. Die entsprechenden Dateien für diese Arbeit befinden sich im Ordner „ergebnisse/fassadenpegel“, zum einen mit dem Dateinamen „eu_etrs“ für die Berechnung streng nach den EU-Anforderungen und zum anderen die Datei „stockwk_etrs“ für die Berechnung nach der Anzahl der Stockwerke. Das Feld „Convert input data from GK to UTM“ enthält eine Funktion zur Koordinatentransformation vom Gauß-Krüger zum UTM-Koordinatensystem. „Number of counts“ gibt die Anzahl der eingelesenen Immissionspunkte wieder, während im freien Feld darunter die oben erwähnte Tabelle angezeigt wird, die bei den Shape-Dateien hinterlegt ist. Mit einem Klick auf einen Immissionspunkt innerhalb der Tabelle springt die Anzeige im CityViewer automatisch zu den entsprechenden Koordinaten. Im unteren Bereich unter „Options“ lassen sich die Immissionspunkte je nach Bedarf entlang der x, y und z Koordinaten verschieben. Dies ist beispielsweise dann erforderlich, wenn aufgrund von Ungenauigkeiten in den vorhandenen Daten einige Fassadenpegel nicht korrekt angezeigt werden (z.B. wenn sie in den Gebäuden „verschwinden“). Ganz unten befindet sich die Funktion „Scaling“ mit deren Hilfe sich die Fassadenpegel in ihrer Darstellungsgröße anpassen lassen. Mit einem Klick auf „Update“ werden die unter „Options“ gewählten Einstellungen gespeichert und auf das Modell übertragen.

5.1.1 ... nach EU-Vorschrift

Für die Berechnung nach den EU-Vorgaben wurden insgesamt 5.413 Immissionspunkte mit einer fixen Höhe von 4 m erzeugt. In dieser Art der Berechnung zeigt sich zugleich die Schwäche bezüglich einer möglichst genauen Visualisierung des Lärms. Abbildung 18 soll diesen Zusammenhang anhand eines Ausschnittes der Heinrich-Böll-Gesamtschule verdeutlichen.

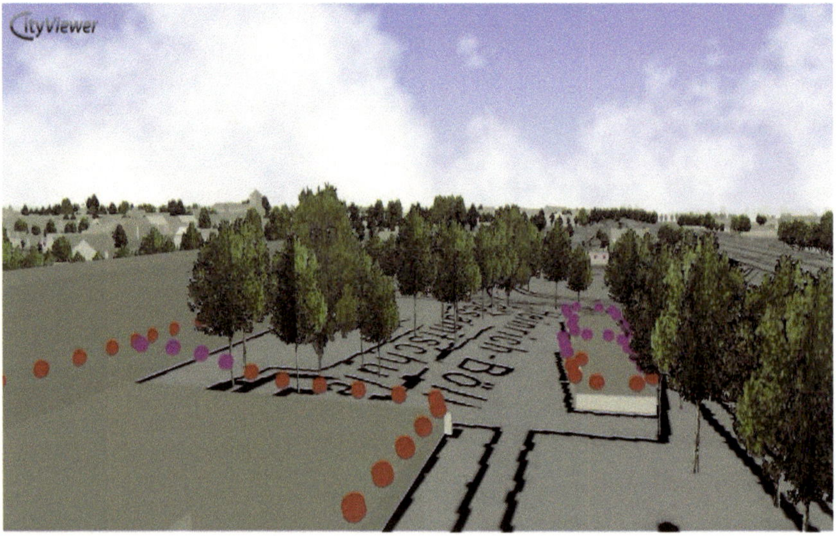

Abbildung 18: Das EU-Modell im CityViewer
(eigene Darstellung)

Die dem Gebäude ganz rechts in der Abbildung zugeordneten Fassadenpegel befinden sich fälschlicherweise über dem Objekt. Dies hängt damit zusammen, dass die Immissionspunkte unabhängig von der Gebäudehöhe immer in 4 m Höhe dargestellt werden. Was bei dieser Abbildung nicht berücksichtigt wurde, ist dass dieses Gebäude niedriger als 4 m ist. Das führte dazu, dass sich die Immissionspunkte oberhalb des Objektes befinden. In korrekter Ausführung wären diese Punkte exakt auf der Fassade positioniert.

Der Vorteil dieser Methode liegt an der geringen Datenmenge, welche die Ladezeit erheblich verkürzt und eine flüssige Darstellung ermöglicht. Ferner beinhaltet diese Möglichkeit der Berechnung die Präsentation der amtlichen Daten, welche der Erfassung der Belastetenzahlen zugrunde liegen, wie sie auch für den Lärmaktionsplan ermittelt wurden.

5.1.2 … als Informationssystem

Für die Darstellung der Fassadenpegel ausgewertet aus der Anzahl der Stockwerke wurden insgesamt 21.290 Punkte berechnet. Der im Vergleich zu der oben genannten von der EU vorgeschriebenen Methode größere Rechenaufwand spiegelt sich in einer plastischeren und genaueren Darstellung der Lärmpegel wieder (vgl. Abb. 19).

Abbildung 19: Das Modell abgeleitet aus der Stockwerksanzahl (eigene Darstellung)

In der obigen Abbildung ist das St. Josefs-Hospital zu sehen. Es wird deutlich veranschaulicht, wie sich die Lärmpegel abhängig von der Höhe verändern und welchen Informationsgewinn diese Darstellung beinhaltet. So treten bei dem Hauptgebäude in der Mitte zwischen dem 1. und dem 8. Stockwerke Pegelunterschiede von bis zu 15 dB(A) auf, was als sehr erheblich zu bewerten ist. In einem weiteren Beispiel ist die Verschattung des Lärmes dargestellt (Abb. 20).

Abbildung 20: Verschattung an der Herner Str.
(eigene Darstellung)

Auf dieser vorangegangen Abbildung ist die Herner Str. im Bereich der Einmündung Freiligrathstr. dargestellt. Die Gebäudefront an der Herner Str. ist durchgängig mit Lärmpegeln zwischen 70 und 75 dB(A) belastet. Die Rückseiten sowie die dahinter liegenden Gebäude weisen, vor allem in den unteren Stockwerken, deutlich geringere Pegel von 50 – 55 dB(A) auf, was darauf zurückzuführen ist, dass die vorderen Gebäude den Schall abschirmen.

5.1.3 Vergleich der unterschiedlichen Berechnungsmethoden

Ausgehend von den obigen Überlegungen sollen an dieser Stelle die beiden Berechnungsmethoden direkt gegenübergestellt werden. Dazu sind in Abbildung 21 und 22 die gleiche Situationen mit den beiden unterschiedlichen Methoden anhand eines fiktiven Gebäudes an der A 40 dargestellt.

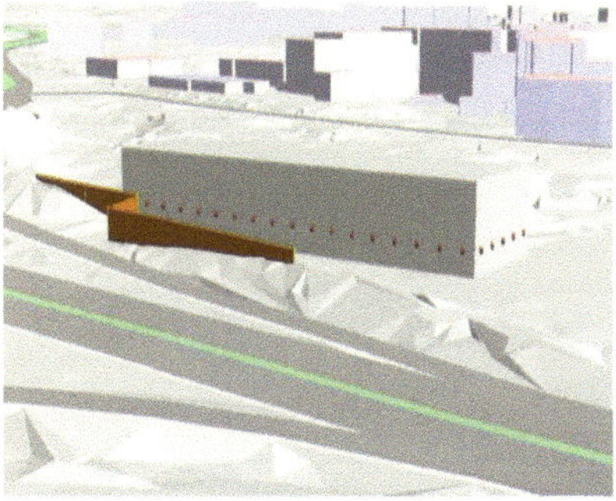

Abbildung 21: Vergleich der unterschiedlichen Berechnungsmethoden (EU)

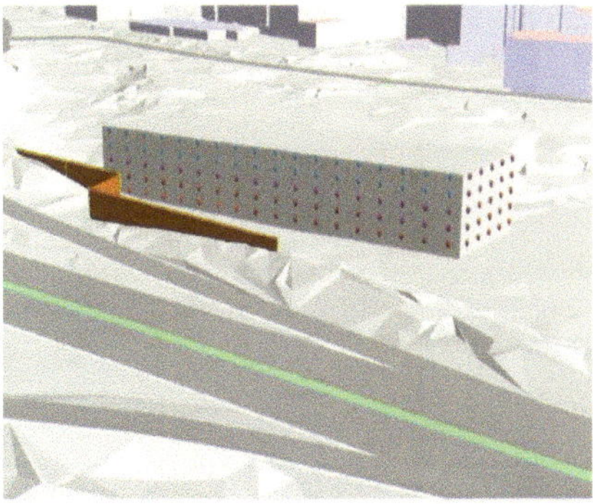

Abbildung 22: Vergleich der unterschiedlichen Berechnungsmethoden (Stockwerke)

(eigene Darstellung)

Die Darstellung stammt direkt aus SoundPLAN® und zeigt auf der linken Seite die EU-Variante mit einer fixen Höhe der Immissionspunkte von 4 m sowie auf der rechten Seite die Variante mit der Berechnung nach Stockwerken. Bei dem Verfahren gemäß der EU-Umgebungslärmrichtlinie wurde durchgängig die Pegelklasse von 65 – 70 dB(A) berechnet. Die stockwerksbezogene Berechnung ist deutlich differenzierter und reicht von der Pegelklasse 65 – 70 dB(A) bis zur Pegelklasse von 75 – 80 dB(A). Offensichtlich liegen in den oberen Stockwerken in dieser Situation höhere Schallpegel vor, was darauf zurückzuführen ist, dass im unteren Bereich durch einen Lärmschutzwall, eine Abschirmung des Schalls und außerdem eine Bodendämpfung durch Reflexion stattfindet. Zusätzlich sind die Werte unterhalb von 4 m mit 60 – 65 dB(A) in der rechten Darstellung etwas geringer. Dies hängt vor allem mit der Lärmschutzwand zusammen, die bei der Berechnung in 4 m Höhe keine Wirkung mehr zeigt. Um die Lärmsituation adäquat und mit hoher Präzision darzustellen scheidet die EU-Version somit für die Visualisierung aus. Denkbar wäre jedoch, diese Berechnungsmethode aufgrund der unter 5.1.1 genannten Gründe als zusätzliche Option in das Informationssystem zu integrieren.

5.2 Evaluierung und Diskussion der Ergebnisse

In diesem Abschnitt werden mögliche Schwachstellen des Visualisierungssystems diskutiert und die Anzahl der von Lärm belasteten Personen nach den beiden Berechnungsmethoden verglichen. Darüber hinaus wird diskutiert, um welche Aspekte das System sinnvoll erweitert werden könnte.

5.2.1 Schwierigkeiten bezüglich der Gebäude- und Stockwerkshöhen

Im Verlauf der Berechnungen hat sich herausgestellt, dass sich bereits kleine Fehler in den Gebäudedaten auf die Darstellung der Fassadenpegel auswirken können. In der folgenden Abbildung (Abb. 23) befinden sich die Immissionspunkte fälschlicherweise allesamt über dem Gebäude.

Abbildung 23: Falsche Gebäudehöhe
(eigene Darstellung)

In diesem Fall stimmt offensichtlich die Gebäudehöhe nicht mit der Anzahl der Stockwerke überein. Ein Blick in die Gebäudedaten bestätigt diese Annahme: Bei einer Gebäudehöhe von 4 m sind drei Stockwerke nicht sehr realistisch. An welcher Stelle der Datenverarbeitung sich letztlich der Fehler eingeschlichen hat, lässt sich nicht zurückverfolgen und klären. Im nächsten Beispiel ist zwar die Anzahl der Stockwerke korrekt, nicht jedoch ihre Höhe (Abb. 24).

Abbildung 24: Falsche Stockwerkshöhe
(eigene Darstellung)

In der obigen Abbildung ist das mittige Wohngebäude als LoD2-Modell dargestellt, bei welchem sich die Stockwerke anhand der Fensterreihen optisch ermitteln lassen. Diese Darstellung ist allerdings nicht als exakt zu bezeichnen, da die Immissionspunkte nur bis zu den unteren zwei Stockwerken mit den Fensterreihen übereinstimmen, jedoch die weiter oben angesetzten Punkte nicht präzise fixiert sind. Diese Fehlbestimmung ist darauf zurückzuführen, dass die in den Datengrundlagen angegebene Stockwerkhöhe nicht genau hinterlegt ist.

Die ungenaue Fixierung, wie im vorangegangen Absatz erwähnt, ist kein Einzelfall, sondern tritt bei mehreren Fassaden auf, was darauf zurückzuführen ist, dass die Daten der Berechnungsgrundlage bezüglich der Gebäudehöhen älter sind als die des Stadtmodells. Daraus erschließt sich die Frage, wie hoch der Anspruch an die Genauigkeit einer solchen Darstellung sein sollte. Meiner Meinung nach ist es nicht gravierend, sollten die Immissionspunkte ein wenig von der tatsächlichen Stockwerkshöhe abweichen, da es keinen erheblichen Unterschied für die Berechnung der Lärmpegel ausmacht. Außerdem muss angemerkt werden, dass die Ermittlung der exakten Stockwerkshöhe für jedes Gebäude einen enormen Zeitaufwand fordert, welcher nicht umzusetzen ist.

5.2.2 Möglichkeiten der Pegeldarstellung

An dieser Stelle möchte ich mit folgender Abbildung, die im Gegenzug zur EU-Umgebungslärmrichtlinie geforderte Einteilung der Pegelklassen in 5 dB(A) – Schritten, mit 3 dB(A) – Schritten als Vorschlag darstellen.

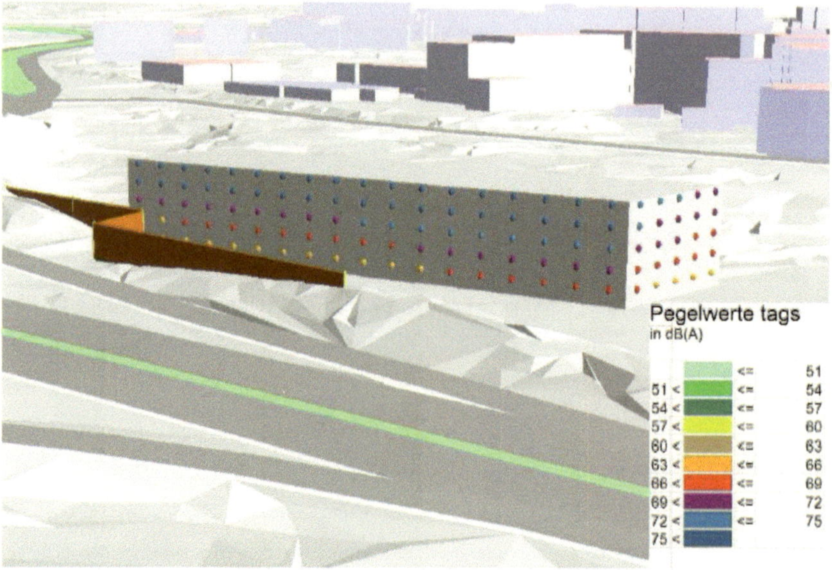

Abbildung 25: Einteilung der Pegelklassen in 3 dB(A) – Schritten (eigene Darstellung)

Nach intensiver Befassung mit der Visualisierung von Pegelklassen mit 3 dB(A) – Schritten, kann ich für mich festlegen und mit den Abbildungen belegen, dass diese Anwendung, wie auch in der Legende (rechts in der Abb. 25), sichtlich wahrzunehmen, effizienter ist, da die Darstellung detaillierter und differenzierter betrachtet werden kann. Dies macht für die Auswertung der Belastetenzahlen ausgehend von dem von mir durch den roten Pfeil festgelegten Vergleichspunkt, insofern einen Unterschied, dass die dort lebenden Personen im obigen Fall der Klasse 63 – 66 dB(A) und im unteren Beispiel (Abb. 26) der Klasse 65 – 70 dB(A) zugeordnet werden. Dadurch kann angenommen werden, dass der berechnete Schallpegel bis zu 4 dB(A) höher angesetzt ist.

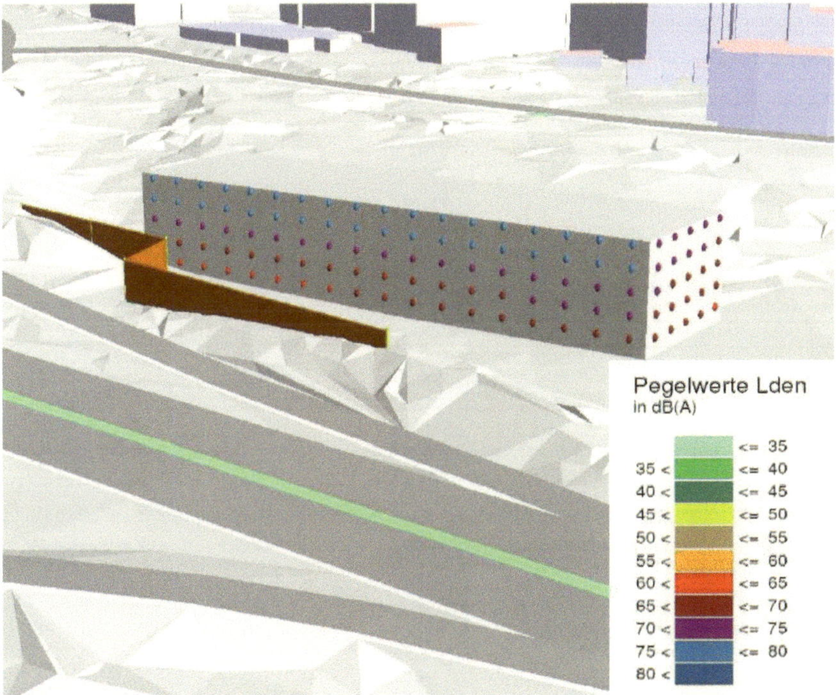

Abbildung 26: Einteilung der Pegelklassen in 5 dB(A)- Schritten (eigene Darstellung)

Erneut wichtig für mich zu erwähnen ist, dass eine Pegelerhöhung um 3 dB(A) deutlich wahrgenommen wird und ich es aufgrund dessen als erforderlich ansehe, diese Einteilung zukünftig auch in der Visualisierung umzusetzen.

5.1.3 Analyse der Belastetenzahlen

Zur Überprüfung der Differenz der Belastetenzahlen zwischen den beiden Berechnungsmethoden habe ich Tabellen erstellt und diese zur Veranschaulichung hier eingefügt. Die im gesamten Projektgebiet lebenden Einwohner, die Anzahl der Wohnungen, Schulen und Krankenhäuser sind in diesen Tabellen dem maßgeblichen Beurteilungspegel Lden – unterteilt in 5 dB(A) Klassen - zugeordnet. Anmerkend ist zu erwähnen , dass die Betroffenenzahlen, anders als in der Umgebungslärmrichtlinie gefordert, hier nicht auf Hundert gerundet wurden. Diese Vorgehensweise wählte ich, da die Richtlinie der EU eher für große Ballungsräume mit hohen Betroffenheitszahlen ausgelegt ist. Die Tabelle 3 richtet sich nach der Berechnungsmethode der EU (Immissionspunkte sind immer in 4 m Höhe angesetzt). Die Tabelle 4 beinhaltet die Belastetenzahlen berechnet anhand der Stockwerkshöhen.

Tabelle 3: Belastetenzahlen nach EU- Vorschrift

Intervall Lden in dB(A)	Einwohner	Wohnen	Schulen	Krankenhäuser
35 - 40	0	0	0	0
40 - 45	0	0	0	0
45 - 50	16	0,2	0	0
50 - 55	536	23,4	0	0
55 - 60	155	8,5	0	0
60 - 65	712	67,6	2	4
65 - 70	555	38,2	4	0
70 - 75	22	1,5	0	0
> 75	0	0	0	0

(eigene Auswertung)

Tabelle 4: Belastetenzahlen nach Berechnung anhand von Stockwerkshöhen

Intervall Lden in dB(A)	Einwohner	Wohnen	Schulen	Krankenhäuser
35 - 40	0	0	0	0
40 - 45	0	0	0	0
45 - 50	31	0,5	0	0
50 - 55	422	22,2	0	0
55 - 60	313	14,5	0	0
60 - 65	693	64,7	2	4
65 - 70	515	36,2	4	0
70 - 75	21	1,3	0	0
> 75	0	0	0	0

(eigene Auswertung)

Bei genauer Betrachtung der beiden Tabellen ist feststellbar, dass die Ergebnisse sich nur geringfügig voneinander unterscheiden. So befinden sich die Schulen und Krankenhäuser auf der gleichen Ebene, die Anzahl der Wohnungen unterscheiden sich nur um wenige Einheiten und lediglich bei den Einwohnerzahlen gibt es höhere Abweichungen.

Diese Abweichungen beziehen sich vor allem auf die Pegelklasse 65 – 70 dB(A), welche definitiv eine erhebliche Belastung birgt und es somit nach EU-Richtlinie notwendig ist, Maßnahmen im Lärmaktionsplan festzuschreiben. Auffällig und interessant ist, dass bei der genaueren Berechnungsmethode (nach Stockwerken), die Anzahl der belasteten Personen geringer ist, was darauf zurückgeführt werden kann, dass es in dem von mir bearbeiteten Projektgebiet nur wenige hohe Wohngebäude gibt, da mit steigender Höhe (Über 4 m/ sprich Berechnung anhand der Stockwerke) auch die Lärmpegel zunehmen. Diese These lässt sich folgendermaßen belegen: in den unteren Pegelbereichen gibt es nach meiner Berechnungsmethode eine höhere Anzahl an Personen (geringere Höhe der Immissionspunkte). Die Berechnungsmethode der EU wirkt sich in diesem Fall und unter den gegebenen Voraussetzungen demnach positiv für die

Bürger und Bürgerinnen aus, da mehr Personen in dem Bereich fallen, in welchem Maßnahmen beschlossen werden müssen.

5.2.4 Zusammenfassung und Ausblick

Wie diese Arbeit verdeutlicht ist es durchaus sinnvoll Lärm dreidimensional zu visualisieren. Da sich Schall in alle Richtungen ausbreitet somit auch in die Höhe und dadurch an den Fassaden unterschiedliche Lärmpegel entstehen. Um diesen Vorgang zu versinnbildlichen, bietet sich die Arbeit mit 3D–Stadtmodellen an, denn die Gebäude sind durch diese Modelle bereits vorhanden und lediglich die Pegel müssen noch berechnet und dargestellt werden. Auch Kommunen, bedienen sich des 3D-Stadtmodelles, um die Vorgaben der EU-Umgebungslärmrichtlinie umzusetzen. Diese Richtlinie fordert zum Beispiel auch die Öffentlichkeitsbeteiligung. Die Öffentlichkeit mit einzuschließen wird durch die Einfachheit der 3D-Stadtmodelle gewährleistet, da die in den Modellen wiedergegebenen Informationen über den Lärmzustand in einer Kommune, durch den 3D-Effekt anschaulich und somit auch für Laien verständlich dargestellt sind. Ein geeignetes und von mir verwendetes Programm für die Visualisierung ist der CityViewer, da dieser das hochladen von kompletten Stadtmodellen ermöglicht und durch kleinere Zusatzprogramme die Möglichkeit bietet fachspezifische Anwendungen, wie in dieser Arbeit „Lärm" darzustellen. Der meiner Meinung nach einzige Nachteil des Programmes CityViewer besteht darin, dass beim Laden der externen Immissionsdaten der Rechenaufwand erheblich steigt und dadurch die Geschwindigkeit der Darstellungsverarbeitung verringert wird, wodurch die Darstellung an Qualität verliert. Um dieses Problem zu beheben, wäre zu überlegen, die Lärmdaten mit den Gebäudeeigenschaften über die CityGML-Schnittstelle zu verknüpfen. Das heißt, die Gebäudedaten werden bereits im Vorfeld in den CityViewer geladen und ermöglichen dadurch eine effizientere Darstellung. Ebenfalls ausschlaggebend für eine präzise, differenzierte Präsentation der Fassadenpegel ist eine genaue Berechnung, welche am besten - im Gegensatz zu der von der EU vorgegeben Berechnungsmethode - anhand der Stockwerksberechnung umzusetzen ist.

Im Rahmen dieser Arbeit habe ich mich mit sieben Vertretern der Stadtverwaltung aus den Abteilungen: Straßenverkehr Bochum, Umwelt – und Grünflächenamt, Amt für Geoinformation, Liegenschaften und Kataster, in einer Diskussionsrunde zusammengefunden um meine erarbeiteten Erkenntnisse vorzustellen. Vorrangig für mich war dabei in Erfahrung zu bringen, ob das Informationssystem sowohl für die Stadtverwaltung als auch für die Öffentlichkeit praktikabel dargeboten ist. Die Reaktionen fielen durchweg positiv aus. In weiterer Zusammenarbeit fanden wir acht Anregungen für die über die Visualisierung hinausgehende Optimierung.

- Erste Anregung: Der Übergang zwischen den Fassadenpegeln sollte feiner gestaltet werden, damit eine differenziertere Auswertung möglich ist. Um dies umzusetzen schlug ich den Vertretern vor, dass die Skalenbreite (wie unter Punkt 5.2.2 erwähnt) von 5 dB(A) auf 3 dB(A) zu verringern.
- Zweite Anregung: Die Belastetenzahlen sollten in Zukunft in das System integriert sein zum Beispiel in dem die Attribute durch klicken auf ein Gebäude angefordert werden. Diese Art der Umsetzung war mir leider nicht möglich, da ich aus datenschutzrechtlichen Gründen lediglich Bevölkerungsdaten für Wohnblöcke und nicht für einzelne Wohngebäude erhalten habe. Darüber hinaus hätte dazu auf die Gebäudedaten zugegriffen werden müssen wozu ich nicht befugt bin.
- Dritte Anregung: Bäume sollten im CityViewer nicht dargestellt sein, da diese die Gebäude verdecken, wie in der Abb. 27 deutlich zu erkennen und dadurch anzunehmen ist, dass diese die Schallausbreitung beeinflussen. In den Berechnungen wurde die Vegetation allerdings nicht berücksichtigt.

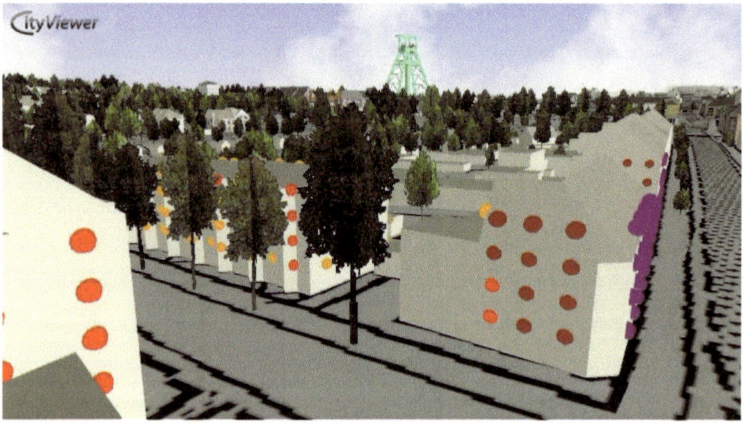

Abbildung 27: Verdeckung der Gebäude durch Vegetation (eigene Darstellung)

- vierte Anregung: eine flächenhafte Rasterlärmkarte (siehe Abb. 28) sollte in das Programm integriert werden. Hintergrund: diese stellt die Lärmausbreitung ausgehend von der Lärmquelle, in diesem Falle der Lärm des Straßenverkehrs, dar und dient somit dem Informationsgewinn.

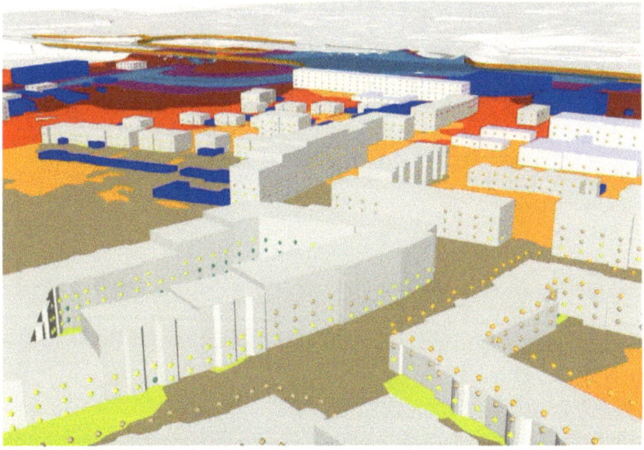

Abbildung 28: Rasterlärmkarte
(eigene Darstellung)

- fünfte Anregung: weitere Fachanwendungen sollten hinzugefügt werden. Mitunter die Feinstaubbelastung oder auch Daten über die genaue Anzahl der in einem Stockwerk lebenden Menschen, was Rettungskräften, wie Zum Beispiel der Feuerwehr von Nutzen wäre.
- Sechste Anregung: für die Zukunft ist eine Darstellung der Lärmpegel innerhalb der Gebäude wünschenswert. Dazu sind Daten über die Beschaffenheit der Fassaden, sowie der Fenster notwendig, welche jedoch zur Zeit noch nicht vorliegen.
- Siebte Anregung: langfristig betrachtet, sollte die Möglichkeit gewährleistet sein, Daten soweit zu manipulieren, dass Variantenvergleiche bei Planungs – und Entscheidungsprozessen durchgeführt werden können.

Die Achte Anwendung entfernt sich ein wenig von dem eigentlichen Thema, möchte jedoch trotzdem erwähnt sein.

- achte Anregung: eine direkte Anbindung an die Geobasisdaten durch ALKIS®-3D inklusive einer direkten Verwaltung der Nutzungsrechte. Eine Umsetzung dieser Anmerkung ist jedoch in naher Zukunft nicht zu erwarten.

Ich persönlich denke, dass diese Anregungen zur Perfektionierung des Informationssystemes beitragen würden, da diese die Darstellungen nochmals verfeinern bzw. detaillierter übertragen, was natürlich auch übergreifend auf das 3D-Stadtmodell wirkt, da neue Nutzungsmöglichkeiten in einem erweiterten, differenzierteren Ausmaß erschlossen werden und der Öffentlichkeit zugänglich gemacht werden können. Die Umsetzung der Anregungen 1-5 sind durchaus sofort möglich. Für die restlichen Anregungen sehe ich für die nahe Zukunft keine Möglichkeit zur Umsetzung, da die dafür notwendigen Daten nicht vorliegen oder aus datenschutzrechtlichen Gründen unter Verschluss gehalten werden. Ein weiterer Grund besteht darin, dass die vorhandenen Programme für diese Art der Umsetzung noch nicht ausgerichtet bzw. solche Programme bis jetzt nicht entwickelt worden sind.

6 Fazit

Wie in meiner Arbeit deutlich geworden ist, ist die dreidimensionale Visualisierung von Lärm anhand der Stockwerksberechnung realisierbar. Diese Berechnungsmethode ist präziser und auch für die Öffentlichkeit nachvollziehbarer als die Berechnungsmethode der EU. Auch wenn sich die Ergebnisse der verschiedenen Berechnungsweisen hinsichtlich der Belastetenzahlen nicht signifikant voneinander unterschieden haben,wie ich zunächst erwartet hätte, sind doch Differenzen in den berechneten Fassadenpegeln festzustellen. Diese können wie ich belegt habe durch eine feinere Skalierung in 3dB(A)-Schritte noch elaboriert werden. Anhand der Auswertungen war festzustellen, dass sich die von der EU-Umgebungslärmrichtlinie festgelegten Vorgaben nicht immer als sinnvoll erweisen und meiner Meinung nach teilweise überdacht werden sollten. Positiv festzuhalten ist, dass bereits Daten bei den Kommunen vorhanden sind und somit zur sofortigen Anwendung zur Verfügung stehen. Außerdem wird in der Richtlinie ein Handlungsspielraum für Erweiterungen bzw. Ergänzungen gewährt, was zur Weiterarbeit an dem Projekt anspornt.

Auch das 3D-Stadtmodell hat einen affirmativen Eindruck hinterlassen. Vor allem die stetige Entwicklung der letzten Jahre bezüglich der Stadtmodelle ist beeindruckend, wirkte inspirierend und motivierte mich selbst einen Beitrag zu der fachspezifischen Gruppierung „Lärm“ zu leisten. Besonders die Verbildlichung der Ausbreitung von Lärm hat einen bleibenden Eindruck hinterlassen. Ich denke, durch diese Art der Präsentation, in der Lärm verbildlicht wird, können auch Laien die Tragweite der Lärmbelastungen viel einfacher erfassen und werden somit wahrscheinlich eher zur Partizipation motiviert. Dennoch muss das 3D-Stadtmodell noch um einige fachliche Anwendungsmöglichkeiten erweitert werden, um sich vollständig bei den Kommunen zu etablieren und ein fester Bestandteil in der Verwaltung zu werden. Außerdem sollte darauf hingearbeitet werden, die vielen verschiedenen Daten zu einem einzigen Datensatz zusammenzufügen.

Offen bleibt natürlich die Frage inwiefern sich dieses Informationssystem wirklich fundieren kann um fundamental zur Minderung von Umgebungslärm beizutragen. Dazu appelliere ich an die Kommunen, dass System für die Bürger und Bürgerinnen zu veröffentlichen damit diese Druck ausüben können, und dadurch eventuell eher Lärmminderungsmaßnahmen durchgesetzt werden. Fraglich ist jedoch, sollten die Informationen öffentlich zur Verfügung gestellt werden, ob die Kommunen in der Lage sind, Lärmminderungsmaßnahmen zu finanzieren. Wie auch immer die momentane Lage aussieht, ich denke, dass dieses System, wenn auch nicht sofort, zumindest in der Zukunft einen erheblichen Beitrag zur Lärmminderungsplanung leisten wird.

Von daher werde ich mich gestützt auf meine Überzeugung und mein Interesse die Lärmsituation zu verbessern, weiterhin mit dem Themenkomplex befassen. Wünschenswert vielleicht etwas utopisch wäre die Vorstellung, dass beginnend durch eine Kommune Lärmminderungsmaßnahmen durchgeführt und dadurch andere Kommunen angespornt werden, dem Beispiel zu folgen und sich diese Maßnahmen durch eine Art Kettenreaktion im gesamten Bundesgebiet verbreiten. Ein Projekt bezüglich der Zusammenarbeit der Kommunen mit 3D-Stadtmodellen ist mit „Ruhr3D“ immerhin bereits vorhanden, bezieht sich allerdings zum jetzigen Zeitpunkt ausschließlich auf das Ruhrgebiet und müsste noch um den Fachbereich „Lärm“ erweitert werden. Diese Erweiterung sehe ich deshalb als sinnvoll an, da das Ruhrgebiet das größte Ballungszentrum Deutschlands ist, Lärm zwar auch bereits als Umweltbelastung anerkannt ist, die direkte Visualisierung von Lärm aber in dem oben genannten Projekt, die Problematik nochmals vertieft darstellt und bezogen auf das gesamte Ruhrgebiet die Kommunen zur städteübergreifenden Zusammenarbeit anregt. Bezugnehmend auf meine Arbeit möchte ich abschließend kritisieren, dass ich die erarbeiteten Anregung nicht sofort umgesetzt habe und das Informationssystem somit zur Zeit nicht über eine Visualisierung hinausgeht.

Literaturverzeichnis

3Dis GmbH (Hg.) (o.J.): Produkte (inkl. Unterseiten). http://3dis.de/produkte.html [29.10.2011]

AG 3D-Stadtmodelle des AK Kommunales Vermessungs- und Liegenschaftswesen des Städtetages Nordrhein-Westfalen (Hg.) 2004: 3D-Stadtmodelle. Eine Orientierungshilfe für die Städte in NRW. (o.O.).

Antz, Sebastian (2009): Methoden zur zielorientierten Erstellung von 3D-Stadtmodellen im kommunalen Kontext. Diplomarbeit. Technische Universität zu Kaiserslautern.

Arbeitsgruppe der Europäischen Kommission für die Bewertung von Lärmbelastungen (WG-AEN) (2006): Leitfaden zu den Best Practices für die strategische Lärmkartierung und die Zusammenstellung entsprechender Daten zur Lärmexposition. Version 2. (o.O.).

Berufsgenossenschaftliches Institut für Arbeitsschutz – BIA (Hg.) (2003): 0 Dezibel + 0 Dezibel = 3 Dezibel. Einführung in die Grundbegriffe und die quantitative Erfassung des Lärms. 8., aktualisierte und erweiterte Auflage. Berlin

Bill, Ralf; Zehner, Marco L. (2001): Lexikon der Geoinformatik. Heidelberg.

Blaschke, Thomas; Tiede, Dirk (2005): Visualisierung und Analyse in 2,5D- und 3D-GIS – von loser Kopplung zu voller Integration? Beispiele anhand kommerzieller Produkte. In: Coors, Volker; Zipf Alexander (Hg.) 2005: 3D-Geoinformationssysteme. Grundlagen und Anwendungen. Heidelberg: 280 - 292.

Braunstein + Berndt GmbH (Hg.) (2005): Handbuch SoundPlan (o.O.).

Bundesministerium für Justiz (Hg.) (2006): Bekanntmachung der Vorläufigen Berechnungsverfahren für den Umgebungslärm nach § 5 Abs. 1 der Verordnung über die Lärmkartierung (34. BimSchV).
http://www.bmu.de/files/pdfs/allgemein/application/pdf/bundesanzeiger_154a.pdf [29.11.2011]

Bundesministerium für Umwelt, Naturschutz und Reaktorsicherheit (BMU) und Bundesministerium für Verkehr, Bau und Stadtentwicklung (BMBVS) (2007): Bekanntmachung der Vorläufigen Berechnungsmethode zur Ermittlung der Belastetenzahlen durch Umgebungslärm (VBEB). Bonn.

Bundesministerium für Umwelt, Naturschutz und Reaktorsicherheit (BMU) (Hg.) (2008): Umgebungslärm.
http://www.bmu.de/laermschutz/themenbereiche/umgebungslaerm/doc/41244.php [30.11.2011]

Bundesministerium für Verkehr, Bau und Stadtentwicklung (BMVBS) (Hg.) (2010): Lärmrelevanz und EU-Anforderungen. Erfordernisse, Abgrenzungs- und Anpassungsprozesse zum Lärmschutz. Berlin.

Czerwinski, Angela; Dörschlag, Dirk; Gröger, Gerhard; Kolbe, Thomas H.; Plümer, Lutz; Stroh, Viktor (2007): Nachhaltige Erweiterung der Geodateninfrastruktur für 3D-Geodaten auf der Basis von CityGML – am Beispiel der EU-Umgebungslärmkartierung. In: Deutsche Gesellschaft für Kartographie e.V. (Hg.) 2007: Kartographie – Ihnen werden wir´s zeigen. Bonn (= Kartographische Schriften, Band 14): 67 – 74.

Europäische Kommission (Hg.) (1996): Künftige Lärmschutzpolitik. Grünbuch der Europäischen Kommission. Brüssel

Europäische Union (Hg.) (2002): Richtlinie 2002/49/EG des Europäischen Parlaments und des Rates vom 25. Juni 2002 über die Bewertung und Bekämpfung von Umgebungslärm. http://www.bmu.de/files/pdfs/allgemein/application/pdf/rl_umgebungslaerm.pdf [28.10.2011]

Europäische Union (Hg.) (2008): Lärmbewertung und -bekämpfung. http://europa.eu/legislation_summaries/environment/Noise_pollution/l21180_de.htm [21.11.2011]

Europäische Union (Hg.) (2010): Die Richtlinie. http://europa.eu/legislation_summaries/institutional_affairs/decisionmaking_process/l14527_de.htm [21.11.2011]

Feldmann, Franz-Josef (2005): Wandel im Lärmschutz: Die Umgebungslärmrichtlinie und ihre Umsetzung in deutsches Recht. In: Zeitschrift für Umweltrecht 16(7): 352 – 358.

Fan, Hongchao; Meng, Liqiu, Jahnke, Mathias (2009): Generalization of 3D Buildings Modelled by CityGML. In: Bernhard, Lars; Paelke, Volker; Sester, Monika (Hg.) 2009: Advances in GIScience. Proceedings of the 12th AGILE Conference. Heidelberg. 387 – 405.

Haala, Norbert (2005): Laserscanning zur dreidimensionalen Erfassung von Stadtgebieten In: Coors, Volker; Zipf Alexander (Hg.) 2005: 3D-Geoinformationssysteme. Grundlagen und Anwendungen. Heidelberg: 26 - 38.

Jansen, Gerd; Notbohm Gert; Schwarze, Sieglinde (1996): Lärmbedingte Gesundheitsbeeinträchtigungen unter besonderer Berücksichtigung der physiologischen Lärmempfindlichkeit. In: Zeitschrift für Lärmbekämpfung 43: 31 – 40.

Kloepfer, Michael; Griefhan, Barbara; Kaniowski, Andrzej M,; Klepper, Gernot; Lingner, Stephan; Steinebach, Gerhard; Weyer, Heinrich B.; Wysk, Peter (2006): Leben mit Lärm? Risikobeurteilung und Regulation des Umgebungslärms im Verkehrsbereich. Heidelberg.

Köster, Martin; Müller, Markus (2005): ALKIS® - Motor für Geodateninfrastrukturen. In: Bernhard, Lars; Fitzke, Jens; Wagner, Roland M. (Hg.) 2005: Geodateninfrastruktur. Grundlagen und Anwendungen. Heidelberg: 151 – 159.

Open Geospatial Consortium Inc. (OGC) (Hg.) (2008): OpenGIS® City Geography Markup Language (CityGML) Encoding Standard. (o.O.).

Rottmann, Manuela (2005): Umgebungslärmrichtlinie: Wenn Zwei sich streiten, badet es der Dritte aus. Die defizitäre Umsetzung von EU-Umweltrecht am Beispiel der Umgebungslärmrichtlinie. In: Difu-Berichte 31(4): 2-3.

Stadt Bochum, die Oberbürgermeisterin Bauverwaltung (Hg.) 2010: EU – Umgebungslärm. Strategischer Lärmaktionsplan für den Ballungsraum Bochum. Bochum.

SIG 3D der GDI-DE Geodateninfrastruktur Deutschland (o.J.): 3D-Standardisierung. http://www.sig3d.de/index.php?catid=2&themaid=5439758 [02.12.2011].

Umweltbundesamt (Hg.) (2010): Lärm. Erläuterung verschiedener Pegelbegriffe. http://www.umweltbundesamt.de/laermprobleme/publikationen/pegel.html [02.12.2011].

Wissen, Ulrike (2009). Virtuelle Landschaften zur partizipativen Planung. Optimierung von 3D Landschaftsvisualisierungen zur Informationsvermittlung. Zürich (= IRL-Bericht 5).